工学结合·基于工作过程导向的项目化创新系列教材
国家示范性高等职业教育土建类"十三五"规划教材

U0278654

建筑设备工程

JIANZHU
SHEBEI
GONGCHENG

主　编　张　宁　赵宇晗
　　　　　白洪彬
副主编　姚剑军　韩晓冬
　　　　　尚云博

华中科技大学出版社
http://www.hustp.com

内 容 简 介

本书共有五章,包括建筑给水排水系统的安装、室内热水供应系统与燃气管道系统的安装、采暖系统的安装、通风空调系统的安装、建筑电气系统的安装等所需的基础理论知识和基本概念及其应用等,并对管线的布置与敷设要求、设备各工种与建筑的协调配合等进行了详细阐述。

为了方便教学,本书还配有电子课件等教学资源包,任课教师和学生可以登录"我们爱读书"网(www.ibook4us.com)免费注册并浏览,或者发邮件至 husttujian@163.com 免费索取。

图书在版编目(CIP)数据

建筑设备工程/张宁,赵宇晗,白洪彬主编.—武汉:华中科技大学出版社,2017.6(2022.6重印)
国家示范性高等职业教育土建类"十三五"规划教材
ISBN 978-7-5680-2846-2

Ⅰ.①建…　Ⅱ.①张…　②赵…　③白…　Ⅲ.①建筑设备-高等职业教育-教材　Ⅳ.①TU8

中国版本图书馆 CIP 数据核字(2017)第 108335 号

建筑设备工程
Jianzhu Shebei Gongcheng

张　宁　赵宇晗　白洪彬　主编

策划编辑:康　序
责任编辑:沈　萌
封面设计:孢　子
责任监印:朱　玢
出版发行:华中科技大学出版社(中国·武汉)　　电话:(027)81321913
　　　　　武汉市东湖新技术开发区华工科技园　　邮编:430223
录　　排:武汉正风天下文化发展有限公司
印　　刷:武汉市籍缘印刷厂
开　　本:787mm×1092mm　1/16
印　　张:14.25
字　　数:358千字
版　　次:2022 年 6 月第 1 版第 2 次印刷
定　　价:38.00 元

前言

∎ ○ ○ ○

本书为适应高职高专建筑工程技术、建筑装饰等专业的教学需要而编写，主要介绍建筑设备施工过程中的常用工程材料、管道加工和连接方法，各种建筑设备系统管道和设备的施工安装工艺、方法及技术要求。对近年来出现的新材料、新工艺以及新的设计与施工安装要求，结合新的设计及施工验收规范、标准做了重点阐述，力求把知识点传授给学生。

本书以培养学生的能力为目的，遵循理论与实践、教学与应用相结合的原则，力求深入浅出、通俗易懂，突出高职高专教学的实用性、实践性特点，删减了不实用的理论计算和公式推导等内容，并结合国内建筑设备工程技术应用的情况和发展趋势，删减了大量陈旧的知识，增加了建筑设备工程的新技术和新设备。

本书共有五章，包括建筑给水排水系统的安装、室内热水供应系统与燃气管道系统的安装、采暖系统的安装、通风空调系统的安装、建筑电气系统的安装等所需的基础理论知识和基本概念及其应用等，并对管线的布置与敷设要求、设备各工种与建筑的协调配合等进行了详细阐述。

本书由辽宁建筑职业学院张宁、赵宇晗、白洪彬担任主编，由四川建筑职业技术学院姚剑军、天津城市建设管理职业技术学院韩晓冬、甘肃建筑职业技术学院尚云博担任副主编。项目1任务1至任务3由韩晓冬编写，项目1任务4至任务6由赵宇晗编写，项目2由尚云博编写，项目3和项目4由张宁编写，项目5任务1至任务3由姚剑军编写，项目5任务4和任务5由白洪彬编写，最后由张宁统稿。赵桂芳、张志军、李铁、库慧、李升升、雷学智协助进行了资料整理和编写工作。

为了方便教学，本书还配有电子课件等教学资源包，任课教师和学生可以登录"我们爱读书"网（www.ibook4us.com）免费注册并浏览，或者发邮件至 husttujian@163.com 免费索取。

本书在编写过程中，参考和引用了大量文献资料，在此向相关作者表示衷心感谢。由于编者水平有限，书中难免存在不足和疏漏之处，敬请读者批评指正。

编　者
2017 年 5 月

目录

○ ○ ○

项目 1

建筑给水排水系统的安装

任务 1 建筑给水系统

建筑给水系统的主要任务是根据用户对水压、水量和水质的要求,将水由城市给水管网或自备水源的给水管网引入建筑物内,经配水管网送至生活、生产和消防用水设备。

一、建筑给水系统的分类

建筑给水系统通常是按用途不同分为生活给水系统、生产给水系统和消防给水系统三大类。

1. 生活给水系统

生活给水系统旨在满足建筑物内的饮用、洗涤、烹饪、餐饮等方面的要求,对水质的要求是必须符合国家规定。根据用水需求的不同,生活给水系统又可分为普通生活饮用水系统、饮用净水(或称直饮水)系统和建筑中水系统。

2. 生产给水系统

生产给水系统旨在提供生产设备的冷却用水、原料和产品的洗涤用水、锅炉用水和某些工业原料用水等。由于现代社会各种生产过程复杂,种类繁多,不同生产过程中对水质、水量、水压的要求差异很大。

3. 消防给水系统

为扑灭建筑物的火灾而设置的给水系统称为消防给水系统。消防给水系统是大型公共建筑、高层建筑必不可少的一个组成部分。消防给水系统对水质要求不高,但必须保证水量和水压的需要,其按照使用功能不同分为消火栓给水系统、自动喷水灭火系统等。

在实际应用中,上述三种给水系统可独立设置,可根据需要将其中的两种或三种给水系统合并,如生活和生产共用的给水系统、生产和消防共用的给水系统等。

二、建筑给水系统的组成

从图 1-1 中我们可以看出,建筑给水系统一般由引入管、水表节点、室内给水管道系统、给水附件、用水设备、升压和贮水设备等几部分组成。

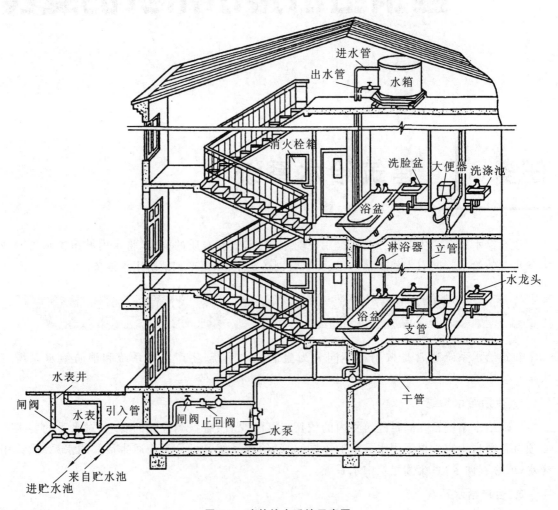

图 1-1　建筑给水系统示意图

1. 引入管

引入管(也称进户管)是室内给水管网和室外给水管网相连接的管段。

2. 水表节点

将水表及其附近安装的阀门、管件、泄水装置等统称为水表节点。水表是用于记录用水量的装置。室外水表宜设置在水表井内,并且水表前后应安装阀门,以便检修时关闭阀门。

3. 室内给水管道系统

室内给水管道系统(也称室内给水管网)是由干管、立管、支管等组成的管道系统,用于向各用水点输水和配水。

4. 给水附件

设置在给水管道上的各种配水龙头、阀门等装置称为给水附件。在给水系统中控制流量大小,限制流动方向,调节压力变化,保障系统正常运行等都需要设置各种给水附件。常用的给水附件有各种配水龙头、截止阀、闸阀、球阀、止回阀、水锤消除器等。

5. 用水设备

用水设备设置在给水管道末端。用水设备包括生活、生产用水设备或器具,消防用水设备(如消火栓给水系统和自动喷水灭火系统)。

6. 升压和贮水设备

升压和贮水设备是指当市政给水管网提供的水量、水压不能满足建筑用水要求时,根据需要在系统中设置的水泵、水箱、水池等。

三、建筑给水方式

建筑给水方式是指建筑给水系统的供水方案,是根据建筑物的性质、高度,建筑物内用水设备、卫生器具对水质、水压和水量的要求来确定的。按照是否设置增压和贮水设备等情况,给水方式可分为以下几种。

1. 直接给水方式

此种方式适用于市政给水水压在任何时候均可满足室内所需压力的情况,直接利用室外管网水压向室内给水系统供水,如图1-2所示。由于该系统不需要设水泵、水箱等设备,具有系统简单、经济、维护方便、供水安全等优点。

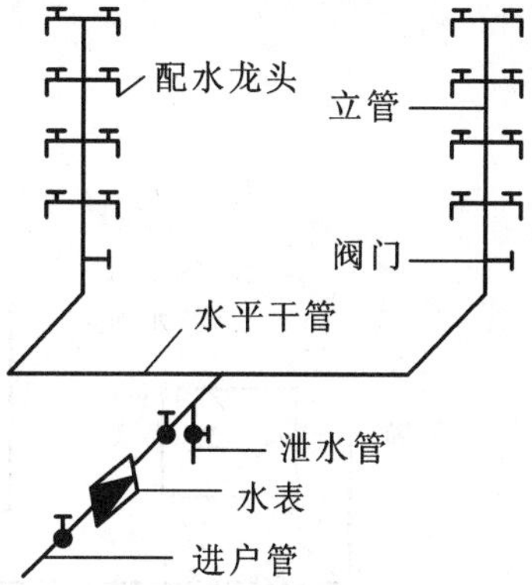

2. 单设水箱的给水方式

此方式适用于市政给水水压周期性不足的情况。低峰用水时,可利用室外给水管网水压直接供水并向水箱贮水。高峰用水时,室外管网水压不足,则由水箱向给水系统供水。单设水箱的给水方式如图1-3所示。

图1-2 直接给水方式

3. 设水泵和变频调速装置的给水方式

当室外给水管网的水压经常不能满足室内要求的水压时,常采用设水泵的给水方式。当建筑内用水量大且较均匀时,可用恒速泵供水;当建筑内用水不均匀时,宜采用调速泵供水。水泵直接从室外管网抽水,会使外网压力降低,影响附近用户用水,严重时还可能造成外网负压。为避免上述问题,可在系统中增设贮水池,采用水泵与室外管网间接连接的方式。设水泵和变频调速装置的给水方式如图1-4所示。

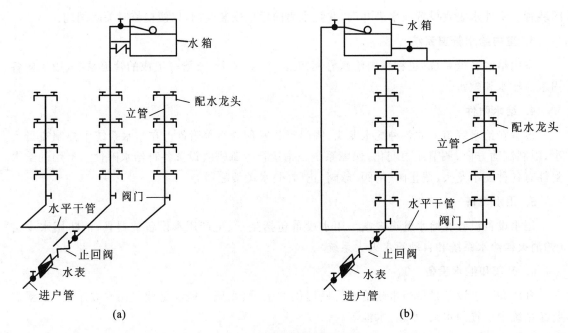

图1-3 单设水箱的给水方式

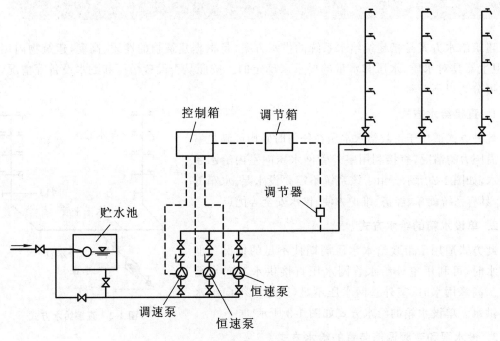

图1-4 设水泵和变频调速装置的给水方式

4. 设水池、水泵和水箱的给水方式

此方式适用于室外给水管网压力低于或经常不能满足建筑物内给水管网所需的水压,且室内用水不均匀的情况。此方式的优点是水泵能及时向水箱供水,可缩小水箱的容积,又因有水箱的调节作用,水泵出水量稳定,能保持水泵在高效区运行。设水池、水泵和水箱的给水方式如

图 1-5 所示。

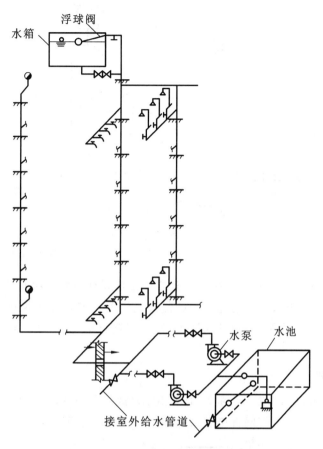

图 1-5　设水池、水泵和水箱的给水方式

5．气压给水方式

气压给水方式(见图 1-6)是采用气压水罐给水设备,即利用密闭气压水罐内空气的被压缩性能来调节水量和水压的一种供水方式。其工作原理是:当室内给水系统用水量增加时,气压水罐 1 内的水量会逐渐减少,此时罐内因水位下降,原有的空气体积增大而压力降低,此压力是靠压力控制器 7 控制的;当压力降至预先调定的压力范围的下限值时,压力继电器即接通水泵电源,补水稳压泵 3 开始启动运转,将水通过补气罐 2 压入气压水罐 1 内,此时罐内水位随着进水量的增加而上升,罐体上部的空气逐渐被压缩而压力升高;当压力上升到调定压力的上限值时,压力控制器切断电源,水泵停运。随着系统不断用水,罐内不断调整补水并保持恒定的水压而达到正常恒压供水。

在这种不断运转过程中,由于管道接头不严渗漏及水罐内的空气会部分溶解在水中并被带走,气压水罐内的空气量会逐渐减少,容积调节范围也会逐渐减小。为了保证容积调节范围,在每次补水稳压泵启动时,补气罐 2 内的空气也同时会被压入气压水罐内,以达到补气的目的。当水泵停止运行后,补气罐内的水靠位差即可回流到水池(水箱)内。与此同时,止回阀 8 自动开启,周围空气通过空气过滤器 6 补充到补气罐内,以备下一次补水稳压泵启动时补气用。

在日用水量比较分散时,补水稳压泵可能频繁启动,运行时应经常检查压力控制器动作的灵敏性及可靠性,补水稳压泵均为一备一用。

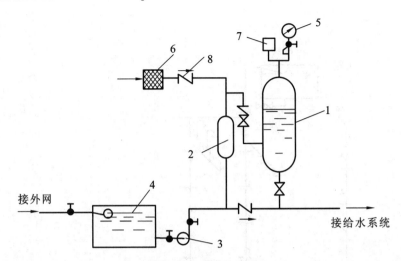

图 1-6　气压给水方式

1—气压水罐；2—补气罐；3—补水稳压泵 4—贮水池；5—压力表；6—空气过滤器；7—压力控制器；8—止回阀

　　此方式适用于室外给水管网压力低于或经常不能满足建筑物内给水管网所需水压,室内用水不均匀,且不宜设置高位水箱的情况。它的优点是设备可安装在建筑物的任何高度上,便于隐蔽,安装方便,水质不易受污染,建设周期短,便于实现自动化等;缺点是给水压力波动较大,能量浪费严重。

6. 分区给水方式

　　如图 1-7 所示为分区给水方式。将整个楼层分为低区和高区,当市政给水水压线能满足下楼层低区水压要求时,由市政管网直接供水;高区由水泵和水箱联合供水。

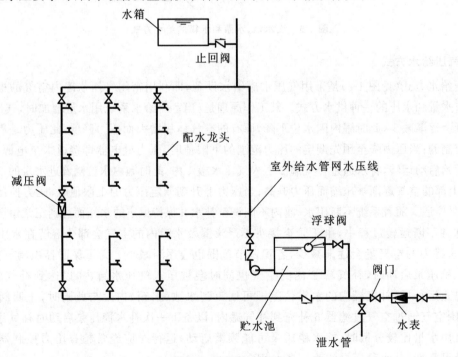

图 1-7　分区给水方式

7. 高层建筑给水方式

高层建筑给水采用分区给水方式,可分为串联给水方式(见图 1-8)和并联给水方式(见图 1-9)等。

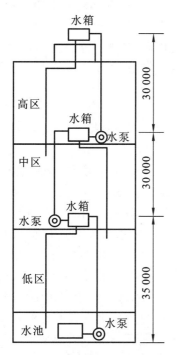

图 1-8　串联给水方式

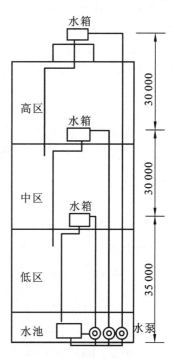

图 1-9　并联给水方式

四、升压和贮水设备

城市配水管网的压力通常只能满足低层建筑用户的用水需求。目前,随着多层建筑和高层建筑的大量出现,用水量的剧增,用水高峰时的水压下降,在建筑给水系统中,必须增加升压和贮水设备来弥补水压的不足。当水压太高时,还可根据需要增加减压设备。

1. 水泵

水泵按工作原理可分为离心式水泵(轴进侧出,如图 1-10 所示)、轴流式水泵(前进后出)等。

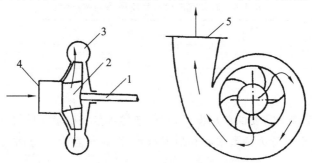

图 1-10　离心式水泵工作过程示意图

1—轴;2—叶轮;3—机壳;4—吸入口;5—压出口

1) 水泵的工作原理

水泵是给水系统中的主要升压设备,是通过叶轮的转动,将机械能转换为水的势能,使水加压的装置。建筑给水系统中通常采用的是离心式水泵。离心式水泵的工作原理是:水泵在启动前先充满水,电机带动叶轮旋转,从而使水的能量增加,同时在惯性力作用下产生离心方向的位移,沿叶片之间的通道流向机壳,机壳收集从叶轮排出的水产生大于大气压强的正压,将水从出水口排出;叶轮入口压强低于大气压,在大气压作用下,水由吸入口进入叶轮,使水泵连续工作。

2) 水泵的基本参数

水泵的基本参数有流量、扬程、轴功率、效率、转速和允许真空高度等。水泵的参数中,以流量和扬程最为重要,它们是选择水泵的主要依据。

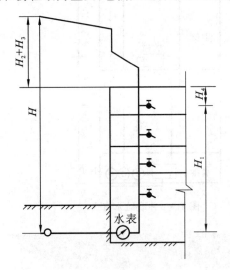

图1-11 室内给水系统所需压力示意图

(1) 流量:水泵在单位时间内输送水的体积,称为泵的流量,以"Q"表示,单位为 m^3/h 或 L/s。

(2) 扬程:单位重量的水在通过水泵以后获得的能量,即泵出口总水头与进口总水头之差。用"H"表示,单位为 mH_2O($1\ mH_2O = 9.8\ kPa$)或 kPa。

水泵扬程取决于室内给水系统所需的压力,如图1-11所示。室内给水系统所需的水压值可通过公式计算法和估算法(见表1-1)来获得。

① 公式计算法:

$$H = H_1 + H_2 + H_3 + H_4$$

式中:H——室内给水系统所需的水压(kPa);

H_1——最不利配水点与引入管起点间的静压差(kPa);

H_2——计算管路(最不利配水点至引入管起点间的管路,亦称最不利管路)的压力损失(kPa);

H_3——水流通过水表的压力损失(kPa);

H_4——最不利配水点所需的流出压力(kPa),一般可取 15～20 kPa。

② 估算法:

表1-1 估算室内给水系统所需的水压值

层数	1	2	3	4	≥5
水压值/mH₂O	10	12	16	20	每增加一层加 4 mH₂O

2. 水箱

水箱是建筑给水系统中重要的贮水设备,有调节用水量和稳定水压的作用,如图1-12所示。水箱的种类很多,按外形可分为圆形水箱和矩形水箱等,按材料可分为钢板水箱、钢筋混凝土水箱和玻璃钢水箱等。

从图1-12中可看到,水箱上通常设置下列管道。

(1) 进水管:由水箱侧壁或顶部接入,由浮球阀或其他信号控制水的注入。

（2）出水管：设于水箱下部，高出下缘 150 mm。出水管与进水管合用时，出水管上应设止回阀。

（3）溢流管：设于水箱上部，控制最高水位，高于进水管且管径一般比进水管管径大。溢流管上不设阀门。

（4）泄水管：泄水管为放空水箱和冲洗箱底积存污物而设置，管口由水箱最底部接出，管径为 40～50 mm，其上应加装阀门。

（5）通气管：对于生活饮用水箱，贮水量较大时，宜在箱盖上设通气管，使水箱内空气流通，其管径一般不小于 50 mm，管口应朝下并设网罩。

（6）信号管：安装在水箱壁溢流口以下 10 mm 处，管径为 10～20 mm，信号管另一端安装在值班室的洗涤盆处，以便随时发现水箱浮球阀失灵而能及时修理。

（7）人孔：为便于清洗、检修，水箱盖上应设置人孔。

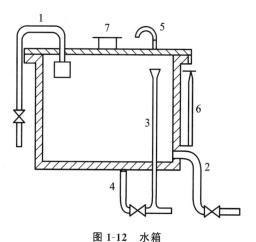

图 1-12　水箱
1—进水管；2—出水管；3—溢流管；4—泄水管；
5—通气管；6—信号管；7—人孔

3. 贮水池

贮水池的作用是调节和贮存生活用水量或消防用水量。设置要求是：当室外管网的流量满足不了给水系统最大小时流量和设计秒流量时，或当防火设计规范要求贮存一定水量用于消防时，应设置贮水池。贮水池应分格，使其能分别独立工作或分别泄空，以便清洗和检修。凡穿池壁的管道必须加带防水套管。贮水池一般应设置进水管、溢流管、排水管和水位控制阀等。一般采用现浇防水混凝土制作水池。

任务 **2** 建筑排水系统

建筑排水系统的任务是将生活、生产用水设备排出的污废水，以及降落在屋面上的雨雪水通过排水设备及管道排至室外排水管道中去。

一、建筑排水系统的分类

建筑排水系统按所排除的污废水的性质不同，可分为生活污废水系统、工业污废水系统和雨雪水系统三大类。

1. 生活污废水系统

人们日常生活中排出的洗涤水称作生活废水，从大、小便器（槽）排出的污水称作粪便污水，粪便污水和生活废水总称为生活污废水。排除生活污废水的管道系统称为生活污废水系统，其特点是通常无毒,有大量的悬浮物、有机物,容易滋生细菌,卫生条件差。

2. 工业污废水系统

工业污废水的特点是有的有毒(如电镀废水),有的无毒(如冷凝水),有的脏(如印染、造纸废水),有的净(如冷却水)。它包括生产废水和生产污水。其中未受污染或污染较轻的废水,如仅为水温升高的冷却水,称为生产废水;污染严重的废水,如食品工业排出的被有机物污染的废水,以及冶金、化工等工业排出的含有重金属等有毒物的废水和酸性、碱性废水,称为生产污水。生产废水可直接排放或经简单处理后重复利用,而污染严重的生产污水必须经处理后方可排放。工业污废水一般均应按排水性质分流设置管道排出。

3. 雨雪水系统

雨水和融化的雪水,应由管道系统排除,一般比较干净,可以直接排入水体或城市雨水排水系统。

二、排水体制

排水体制一般可分为分流制和合流制两种。

分流制排水是将建筑物内产生的不同性质的污废水分别设置排水管道排出室外;合流制排水是将建筑物内产生的不同性质的污废水共用一套排水管道排出室外。

建筑内部排水体制应根据污废水的性质、污染程度、是否有利于综合利用、中水系统的开发和污废水的处理要求等因素来确定。

三、建筑排水系统的组成

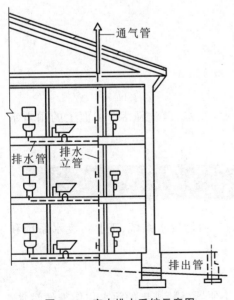

图 1-13 室内排水系统示意图

建筑排水系统一般由污废水受水器、排水管道系统、通气管、清通设备、污水抽升设备和局部水处理构筑物等几个部分组成。室内排水系统示意图如图 1-13 所示。

1. 污废水受水器

污废水受水器是收集和排出污废水的设备。污废水受水器是建筑排水系统的起点,它包括卫生器具、生产设备的集水器具及雨水斗等。

2. 排水管道系统

1)器具排水支管

器具排水支管是从排水设备到后续管道的部分,其作用是将各卫生器具排水管流来的污水排至立管。一般器具排水支管上面要带水封装置(排水管道上的一段存水设备,利用一定高度的静水压力来抵抗排水管内气压变化,防止管内臭气和有毒、有害气体进入室内)。

2) 排水横管

排水横管中水的流动属重力流,因此,管道应有一定的坡度坡向立管。其最小管径应不小于 50 mm,粪便排水横管管径应不小于 100 mm。

3) 排水立管

排水立管承接各楼层横支管流入的污水,然后再排入排出管。为了保证排水通畅,立管的最小管径不得小于 50 mm,也不能小于任何一根与其相连的横支管管径。

4) 排出管

排出管是室内排水立管与室外排水检查井之间的连接管,它接收一根或几根立管流来的污水并排入室外排水管网。排出管的管径不能小于任何一根与其相连的立管管径。排出管一般埋设在地下,坡向室外排水检查井。

3. 通气管

一般层数不多、卫生器具较少的建筑物,仅设排水立管上部延伸出屋顶的通气管(见图 1-13);对于层数较多的建筑物或卫生器具设置较多的排水系统,应设辅助通气管及专用通气管(见图 1-14),以使管道内部气压平衡,防止卫生器具水封破坏,使水流畅通,同时将管道内的有毒、有害气体排出。

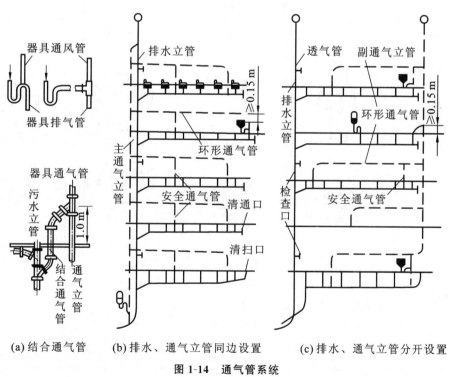

(a)结合通气管　　(b)排水、通气立管同边设置　　(c)排水、通气立管分开设置

图 1-14　通气管系统

4. 清通设备

清通设备指疏通管道用的检查口、清扫口、检查井及带有清通门的 90°弯头或三通接头设备,作为疏通排水管道之用。检查口,一般设在立管上,也有的设在横管上,有盖压封,发生管道堵塞时可打开,进行检查、清理。清扫口一般设在排水横管的端部或中部,其端部是可拧开的

盖,便于横管堵塞时清理。

5. 污水抽升设备

民用建筑物的地下室及人防建筑物、高层建筑物的地下技术层等地下建筑物内的污水不能自流排至室外时,必须设置抽升设备。常用的污水抽升设备有潜水泵、气压扬液器、手摇泵和喷射器等。

6. 局部污水处理构筑物

当室内污水未经处理不允许直接排入城市排水管道或污染水体时,必须予以局部处理。民用建筑常用的污水局部处理设施有化粪池、隔油池、沉砂池和中和池等。

四、高层建筑排水系统

高层建筑排水立管长,排水量大,立管内气压波动大,因而通气系统设置的优劣对排水的畅通有较大的影响,通常应设环形通气管或专用通气管,前已述及。在排水立管上还有一些特殊的立管配件,如表1-2所示。

表1-2 特殊的立管配件

特殊接头	混合器	旋流器	环流器	环旋器
简图				
构造特点	1—乙字管; 2—缝隙; 3—隔板	1—盖板; 2—叶轮; 3—隔板; 4—侧管(污水)	1—内管; 2—扩大室	1—内管; 2—扩大室
横管接入方式	三向平接入	垂直方向接入	环向正对接入	环向旋切接入

1. 单立管排水系统

多使用苏维托排水系统,即在主管与横管的连接处设汽水混合器(俗称混流器),在立管底部转弯处设汽水分离器(俗称跑汽器),以保证排水系统的正常工作,除此之外,还有旋流排水系统、芯型排水系统等。

2．双立管排水系统

1）专用通气立管系统

用于排水横管承接的卫生器具不多的高层建筑，可改善排水立管的通气和排水性能，稳定立管的气压。

2）主通气立管系统和环形通气管系统

对排水横管承接的卫生器具较多的高层建筑，设主通气立管和环形通气管，可改善排水横管和立管的排水和通气性能，设器具通气管还可改善器具排水管的通气和排水性能。

3）副通气立管系统

副通气立管仅与环形通气管相连，一般用于卫生器具较多的中低层民用建筑。

五、屋面雨水排放

屋面雨水排放方式按管道的位置一般可分为外排水系统和内排水系统两种。

1．外排水系统

外排水系统包括檐沟外排水系统和天沟外排水系统。

1）檐沟外排水系统

檐沟外排水系统，也称水落管外排水系统，如图 1-15 所示。

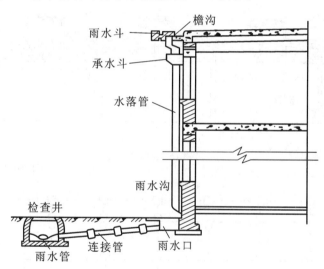

图 1-15　檐沟外排水系统

雨水通过屋面檐沟汇集后，沿外墙设置的水落管排泄至地下管沟或地面明沟。该系统多用于一般的居住建筑、屋面面积较小的公共建筑及单跨的工业建筑。水落管可选用镀锌铁皮、塑料管等制成，截面为矩形（或圆形），截面尺寸为 100 mm×80 mm 或 120 mm×80 mm。设置间距：民用建筑为 12～16 m，工业建筑为 18～24 m。

2）天沟外排水系统

利用屋面构造所形成的天沟本身的容量和坡度，使雨水向建筑物两墙（山墙、女儿墙）方向流动，并由雨水斗收集，经墙外的排水立管排至地面明沟、地下管沟或流入雨水管道。天沟流水长度以 40～50 m 为宜,以伸缩缝、沉降缝或抗震缝为分水岭,最小坡度为 0.3%。天沟外排水系统如图 1-16 所示。

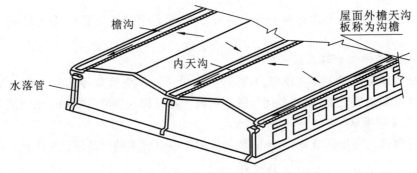

图 1-16 天沟外排水系统

2. 内排水系统

内排水系统是指屋面设雨水斗,通过建筑物内部设置雨水管道的雨水系统,适用于大面积建筑屋面及多跨的工业厂房。此外,高层建筑、大面积平屋顶民用建筑以及对建筑立面处理要求较高的建筑物,也宜采用内排水系统。

内排水系统由雨水斗、连接管、悬吊管、立管、排出管、埋地管、检查井及清通设备等组成,如图 1-17 所示。

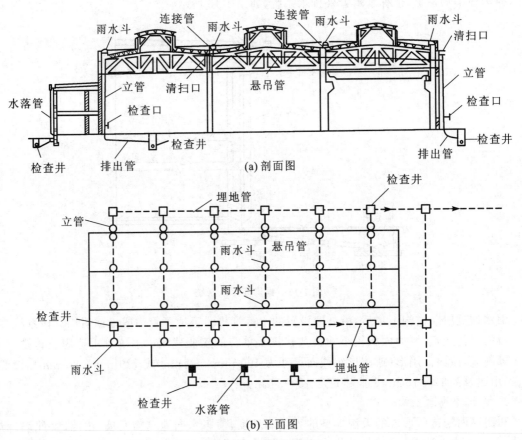

(a) 剖面图

(b) 平面图

图 1-17 内排水系统

任务 3 建筑给水排水管材、管件及其附件

一、建筑给水排水管材

1. 建筑给水排水管材的种类

给水排水管材根据管道的材质分为黑色金属管、有色金属管、塑料管和复合管等。黑色金属管有钢管、铸铁管和不锈钢管等。有色金属管有铜管、铝管等。塑料管是目前建筑给水排水系统中最常用的管材,适用于输送给水的塑料管主要有无规共聚聚丙烯(PP-R)管、交联聚乙烯(PE-X)管和聚丁烯(PB)管等,适用于排水的塑料管主要有硬聚氯乙烯塑料(PVC-U)管等。复合管主要有铝塑复合管和钢塑复合管等。

2. 常用的给水管材

1) 钢管

钢管按制造方法有焊接钢管和无缝钢管两种。钢管具有强度高、抗震性能好、容易加工和安装等优点,但同时具有容易生锈、结垢、滋生细菌和寿命短等缺点。目前已经被塑料管所取代。

(1) 焊接钢管。

焊接钢管按《低压流体输送用焊接钢管》(GB/T 3091—2015)标准制造,主要分为直缝焊接钢管和螺旋焊接钢管两种。焊接钢管因其过去主要用于输送水、煤气等介质,俗称水煤气管。焊接钢管按其是否镀锌分为镀锌钢管(俗称白铁管)和非镀锌钢管(俗称黑铁管)。根据镀锌工艺不同又分为冷镀锌钢管和热镀锌钢管。冷镀锌钢管因对水质有影响,现已被淘汰;热镀锌钢管曾经是我国输送生活饮用水的主要管材,目前在生活给水系统中已经被塑料管所取代。

(2) 无缝钢管。

无缝钢管的特点是比焊接钢管的强度高、内表面光滑、水力条件好、成本低。无缝钢管按《输送流体用无缝钢管》(GB/T 8163—2008)标准制造,可分为冷轧无缝钢管和热轧无缝钢管。其尺寸分为普通钢管尺寸组、精密钢管尺寸组和不锈钢管尺寸组。钢管外径分为三个系列:第一系列为标准化钢管,第二系列为非规格标准化钢管,第三系列为特殊用途钢管。一般压力在0.6 MPa 以上的管道应采用无缝钢管,尤其适用于高压供暖系统和高层建筑的热水管道。

焊接钢管的连接可采用焊接、法兰连接和丝扣连接。无缝钢管的连接通常采用焊接和法兰连接。焊接广泛用于管道之间及补偿器等的连接上。法兰连接通常用在管道与设备、阀门等需要拆卸的附件连接上。对于室内供热管道,通常借助三通、四通等管件进行丝扣连接。

2) 不锈钢管

不锈钢表面上富铬氧化膜(钝化膜)的形成使其具有不锈性和耐腐蚀性。不锈钢管按制造方式可分为不锈焊接钢管和不锈无缝钢管两种。按管壁厚度不同又可分为厚壁不锈钢管和薄

壁不锈钢管。20 世纪 90 年代末才在国内出现的薄壁不锈钢管的推广应用正在逐步为大家所认同和接受。

3）铜管

铜管承压能力高、延展性好、耐高温、化学性能稳定，但造价较高，一般用于装修要求较高的建筑中。

4）塑料管

塑料管按使用的主体原材料分为聚丙烯管材、聚乙烯管材、聚丁烯管、聚氯乙烯塑料、丙烯腈-丁二烯-苯乙烯（ABS）管等。

实践已经证明，与传统的金属管材相比，塑料管的优点是质量轻、能耗低、比强度高、轻质高强；不生锈、耐腐蚀、化学性能稳定；内壁光滑、流动阻力小；导热系数小、保温隔热；容易加工、连接方便等。目前给水系统中常用的塑料管有无规共聚聚丙烯（PP-R）管、交联聚乙烯（PE-X）管、聚丁烯（PB）管、硬聚氯乙烯塑料（PVC-U）管等。

（1）无规共聚聚丙烯（PP-R）管。

聚丙烯管是指以聚丙烯为原料，添加适量助剂，经挤出成型的热塑性管材，已开发的产品有均聚聚丙烯（PP-H）管、嵌段共聚聚丙烯（PP-B）管和无规共聚聚丙烯（PP-R）管，又分别称为一型聚丙烯管、二型聚丙烯管和三型聚丙烯管，它们已经被广泛应用于冷水和热水系统中。PP-R 管是欧洲 20 世纪 80 年代末 90 年代初开发应用的新型塑料管道产品。PP-R 管除具有一般塑料的优点外，还具有卫生、无毒；耐热性好，可耐 100 ℃以上的高温；热胀系数小、耐高压、抗冲击，可与混凝土一起浇注；可回收、绿色环保；使用寿命长，寿命可达 50 年；连接方式简单、可靠等诸多优点。

PP-R 管主要用于工业与民用建筑冷水和热水等管道系统。应用时可参照《冷热水用聚丙烯管道系统　第 2 部分：管材》（GB/T 18742.2—2002）执行。无规聚丙烯管管材分为 S5、S4、S3.2、S2.5、S2 五个管系列。工地上 PP-R 管材及其管件进场检验时其物理力学性能应符合表 1-3 的规定。

表 1-3　PP-R 管材及其管件的主要物理力学性能

项　目		指　标	
		管材	管件
密度/(g/cm³),20 ℃		0.89～0.91	
导热系数/[W/(m·K)],20 ℃		0.23～0.24	
线膨胀系数/[mm/(m·K)]		0.14～0.16	
弹性模量/(N/mm²),20 ℃		800	
拉伸强度/MPa		≥20	
纵向回缩率/(%),135 ℃,2 h		≤2	—
落锤冲击试验破损率/(%),15 J,0 ℃,2 h		<10	—
液压试验	短期:20 ℃,1 h,环应力 16 MPa	无渗漏	无渗漏
	长期:95 ℃,1 000 h,环应力 3.5 MPa	无渗漏	无渗漏
承插口密封试验	20 ℃,1 h,试验压力为 2.4 倍公称压力	无渗漏或无破坏	无渗漏或无破坏

（2）交联聚乙烯（PE-X）管。

以密度不小于 0.94 g/cm³ 的聚乙烯或乙烯共聚物，添加适量助剂，通过化学或物理的方法，使其线型的大分子交联成三维网状的大分子结构，由此种材料制成的管材，称为 PE-X 管。PE-X 管除具有一般塑料的优点外，还具有耐温性好；耐老化，使用寿命 50 年以上；导热系数小，保温性好；可弯曲、不反弹，抗蠕变性能好；切割方便，安装简单等优点。但只能采用金属连接，不能回收重复利用。PE-X 管一般采用内外夹紧式管件进行机械连接，主要有卡圈锁紧式管件和卡环压紧式管件两种类型。

交联聚乙烯管管材分为 S6.3、S5、S4、S3.2 四个管系列，其规格尺寸参照《冷热水用交联聚乙烯（PE-X）管道系统 第 2 部分：管材》（GB/T 18992.2—2003）。PE-X 管主要用于建筑内地板辐射采暖系统和冷热水系统。一般口径较小，布管方式多为暗敷。当必须采用明装时，应采取避光措施。

（3）聚丁烯（PB）管。

聚丁烯管是指由聚丁烯-1 树脂添加适量助剂，经挤出成型的热塑性管材，通常以 PB 标记。PB 管除具有一般塑料的优点外，还具有良好的抗拉、抗压强度和耐冲击性能，是最优秀的耐压管；管壁薄，质量小；耐热性能好；抗蠕变性能极佳；环保绿色。但目前主要依靠进口，因此其价格较高。

PB 管分为 S10、S8、S6.3、S5、S4、S3.2 六个管系列，其规格尺寸参照《冷热水系统用热塑性塑料管材和管件》（GB/T 18991—2003）。PB 管的连接可采用热熔连接、电熔式连接或紧夹式连接。

（4）硬聚氯乙烯塑料（PVC-U）管。

硬聚氯乙烯塑料管是世界上开发最早、应用最广泛的塑料管材，一般以聚氯乙烯树脂为主要原料，经挤出成型，其优点是造价较低，施工方便，缺点是使用温度不超过 45 ℃。其耐低温，应避免受撞击，部分有毒性，需要严格控制其生产工艺。

5）复合管

复合管是金属与塑料混合型管材，具有金属和塑料共同的优点，避免了金属和塑料的缺点，是非常有发展前景的管道材料。常用的有铝塑复合（PAP）管和钢塑复合（SP）管。复合管一般采用螺纹、卡套和卡箍等连接方式。

（1）铝塑复合管。

铝塑复合管是五层复合结构（塑料—黏结剂—铝材—黏结剂—塑料）管，即内外层是塑料，中间层是铝材。铝塑复合管多层复合结构决定了这种管材既保持了塑料管和铝管的优点，又避免了各自的缺点。化学性能稳定的塑料内外层避免了外界介质的腐蚀，而塑性和强度较好的金属铝在中间位置，一方面保护其不受外界物质的侵蚀，另一方面增强了管材的强度、阻隔性及塑性。铝塑复合管可以弯曲，弯曲半径等于 5 倍管径；耐温性能强，使用温度范围为 −100～110 ℃；耐高压，工作压力可以达到 1.0 MPa。管件连接主要采用夹紧式铜接头，可用于室内冷热水系统，目前的规格为 DN14～DN32。

铝塑复合管按生产工艺不同可分为铝管搭接焊式铝塑复合管（《铝塑复合压力管 铝管搭接焊式铝塑管》，GB/T 18997.1—2003）和铝管对接焊式铝塑复合管（《铝塑复合压力管 铝管对接焊式铝塑管》，GB/T 18997.2—2003）。铝管搭接焊式铝塑复合管按复合组分材料分为

PAP(聚乙烯/铝合金/聚乙烯)和 XPAP(交联聚乙烯/铝合金/交联聚乙烯)。铝管对接焊式铝塑复合管按复合组分材料分为 XPAP1(一型铝塑管)、XPAP2(二型铝塑管)、PAP3(三型铝塑管)和 PAP4(四型铝塑管)四种。

(2) 钢塑复合管。

钢塑复合管是在钢管内壁衬(涂)一定厚度的塑料层复合而成,依据复合管基材的不同,可分为衬塑复合管和涂塑复合管两种。钢塑复合管兼备了金属管材强度高、耐高压、能承受较强外来冲击力和塑料管材的耐腐蚀性、不结垢、导热系数低、流体阻力小等优点。钢塑复合管可采用沟槽、法兰或螺纹连接的方式,同原有的镀锌管系统完全相容,应用方便,但需在工厂预制,不宜在施工现场切割。对于室外供暖管道,应按设计要求选用,当设计未注明时可按下列要求选用:当管径 DN≤40 mm 时,采用焊接钢管;当 DN≥50 mm 时,采用无缝钢管和钢板卷焊管。

3. 常用排水管材

室内排水系统的管材主要有排水铸铁管和排水用硬聚氯乙烯塑料管等。

1) 排水铸铁管

铸铁管的优点是耐腐蚀性能强、使用期长、噪声小、价格低、安装方便等,其缺点是性脆、重量大、长度小。铸铁管直管长度一般为 1.0～1.5 m,管径一般为 50～200 mm。特别适用于埋地管道等部位。按其制造不同分为砂型离心承插直管和连续铸铁直管两种。按材质分为灰口铸铁管、球墨铸铁管和高硅铸铁管。铸铁管多用在排水管道中,其中有一部分可用于给水系统中。

铸铁管的连接方式有承插式连接和卡箍式连接。承插式连接常用接口材料有普通水泥接口、石棉水泥接口、膨胀水泥接口等;卡箍式连接采用不锈钢卡箍、橡胶套密封。

2) 排水用硬聚氯乙烯塑料管

硬聚氯乙烯塑料管是以聚氯乙烯树脂为主要原料的塑料制品,具有优良的化学稳定性和耐腐蚀性,主要优点是物理性能好、质轻、管壁光滑、水头损失小,容易加工及施工方便等。缺点是防火性能不好,排水噪声大。制作长度为 4 m(±0.1 m)。

国家标准《建筑排水用硬聚氯乙烯(PVC-U)管材》(GB/T 5836.1—2006)规定了建筑排水用硬聚氯乙烯塑料管的物理力学性能(见表 1-4)。

表 1-4　建筑排水用硬聚氯乙烯塑料管的物理力学性能

项　　目	技 术 指 标
密度/(kg/m³)	1 350～1 550
维卡软化温度/℃	≥79
纵向回缩率/(%)	≤5
二氯甲烷浸渍试验,15 ℃,15 min	表面变化不劣于 4 N
落锤冲击试验 TIR/(%),0 ℃	≤10
拉伸屈服强度/MPa	≥40

排水用硬聚氯乙烯塑料管主要用于建筑物室内生活污水和工业废水的排输系统及建筑物室外雨雪水的排输管道中,多采用承插黏结的连接方式。

二、建筑给水排水管件

1. 管件的种类

管件是指在管道系统中起连接、变径、转向、分支等作用的零件。管件按用途可分为以下几种。

(1) 管道延长连接用管件:管箍(又称管接头或内丝)、对丝等。

(2) 管道分支连接用管件:等径三通、异径三通、等径四通、异径四通等。

(3) 管道节点碰头用管件:活接头、根母等。

(4) 管道转弯用管件:90°弯头、45°弯头等。

(5) 管道变径用管件:补芯(又称内外丝)、异径管箍(又称大小头)等。

(6) 管道堵头用管件:丝堵、管堵等。

2. 常用的给水管件

1) 钢管件

钢管件分为焊接钢管管件、无缝钢管管件和螺纹管件三类。钢管件规格与表示方法与管子表示相同。钢管常用管件如图 1-18 所示。

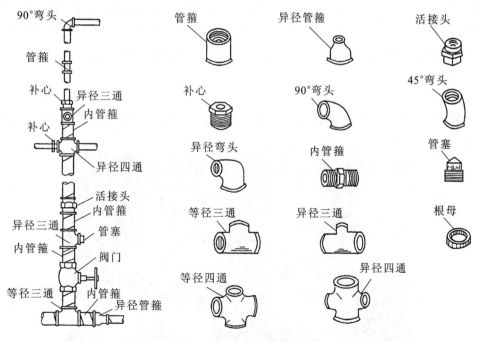

图 1-18　钢管常用管件

焊接钢管管件是用无缝钢管或焊接钢管经下料加工而成的管件。常用的焊接钢管管件有焊接弯头、焊接三通和焊接异径管等。

无缝钢管管件是用压制法、热推弯法及管段弯制法制成的管件，与管道的连接采用焊接。常用的无缝钢管管件有弯头、三通、四通和异径管等，如图1-19所示。

（a）弯头　　　　　（b）三通　　　　　（c）四通　　　　　（d）异径管

图1-19　常用的无缝钢管管件

2）给水铸铁管件

给水铸铁管件分为灰口铸铁管件和球墨铸铁管件两大类。给水铸铁管件的接口形式有承插式和法兰式。承插式又分为柔性接口和刚性接口。

常用的灰口铸铁管件有弯管、丁字管、渐缩管、乙字管和短管等。常用的球墨铸铁管件有45°或90°双承弯管、双承渐缩管、全承三通和双承单盘丁字管等。

3）塑料管件

一般按三种方式划分塑料管件：第一种是按照塑料管件的主体材料来分，可分为硬聚氯乙烯塑料管件、聚乙烯塑料管件、聚丙烯塑料管件、ABS塑料管件和热固性塑料管件；第二种是按使用性能来分，可分为建筑给水管件、建筑排水管件、排污管件、埋地给水管件、埋地排污排水管件和燃气输送管件；第三种是按照连接方式来分，可分为热熔接管件、电熔接管件、胶黏结管件、承插式管件和嵌件式管件等。

4）铝塑复合管管件

铝塑复合管管件一般是用黄铜制造而成，采用卡套式连接，一般用于生活饮用水系统，如图1-20所示。

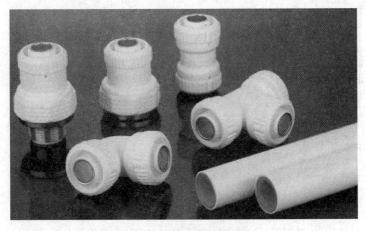

图1-20　铝塑复合管管件

3. 常用的排水管件

1）排水铸铁管件

常用的排水铸铁管件有 90°弯头、45°弯头、乙字管、正三通、斜三通或顺水三通、存水弯（S 形或 P 形）、正四通、斜四通和管箍等。常用的排水铸铁管件如图 1-21 所示。

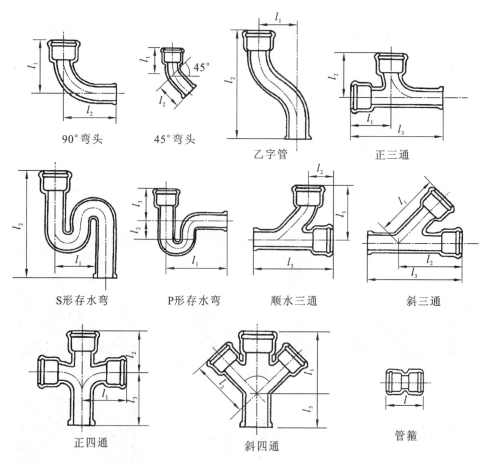

图 1-21　常用的排水铸铁管件

2）排水用硬聚氯乙烯管件

排水用硬聚氯乙烯管件主要采用承插型和黏结型两种形式。排水用硬聚氯乙烯管件如图 1-22 所示。

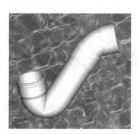

P 形存水弯　　　　　　异径大小头管箍　　　　　　伸缩节

图 1-22　排水用硬聚氯乙烯管件

双承插存水弯（检查口）

45°弯头

45°斜三通

90°三通（检查口）

90°顺水三通

90°弯头

90°弯头（检查口）

瓶颈三通

S形存水弯（检查口）

管箍

斜四通

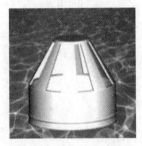

通气帽

续图 1-22

三、建筑给水排水附件

1. 给水附件

给水附件是安装在管道及设备上的启闭和调节装置的总称。给水附件可分为配水附件、控制附件与其他附件三大类。

1）配水附件

一般常指安装在给水支管末端，专供卫生器具和用水点放水用的各种水龙头（俗称水嘴），用以调节和分配水流。按用途可分为配水龙头、盥洗龙头和混合龙头等。

（1）配水龙头。

球形阀式配水龙头：装在洗涤盆、活水盆、盥洗槽上的水龙头均属此类，如图 1-23（a）所示。旋塞阀式配水龙头如图 1-23（b）所示。

（a）球形阀式配水龙头　（b）旋塞阀式配水龙头　　（c）盥洗龙头　　　（d）混合龙头

图 1-23　常用配水龙头

（2）盥洗龙头。

设在洗脸盆上专供冷水或热水用。有莲蓬式、鸭嘴式、角式、长脖式等形式，如图 1-23（c）所示。

（3）混合龙头。

用以调节冷、热水的龙头，适用于盥洗、洗涤、沐浴等，如图 1-23（d）所示。

此外，还有皮带龙头、消防龙头、电子自动龙头、红外线龙头、自控水龙头等。

2）控制附件

控制附件主要是指管道上的各种阀门，阀门是流体管路的控制附件，其基本功能是接通或切断管路介质的流通，改变介质的流动方向，调节介质的压力和流量，保护管路设备的正常运行。阀门一般由阀体、阀瓣、阀盖、阀杆和手轮等组成。

阀门的分类方法也较多，按动作特点可分为两大类：一类是自动阀门（依靠介质本身的能力而自行动作的阀门），如止回阀、减压阀和安全阀等；另一类是驱动阀门（依靠手动、电动、气动、液动等外力来操纵动作的阀门），如闸阀、截止阀、蝶阀和球阀等。按阀门材质分为铸铁阀门、铸铜阀门、铸钢阀门和锻钢阀门。按阀门与管道的连接方式分为法兰阀门、焊接阀门、螺纹阀门、卡套阀门和夹箍阀门。按压力分为低压阀门、中压阀门、高压阀门和超高压阀门。

阀门产品的型号是由七个单元组成的，用来表明阀门类别、驱动种类、连接和结构形式、密封面或衬里材料、公称压力及阀体材料。具体应用时可查阅相关标准。

阀门类别及代号如表 1-5 所示。

表 1-5　阀门类别及代号

阀门类别	代　号	阀门类别	代　号
截止阀	J	蝶阀	D
闸阀	Z	节流阀	L
减压阀	Y	调节阀	T
止回阀	H	柱塞阀	U
安全阀	A	疏水阀	S
旋塞阀	X	隔膜阀	G
球阀	Q	排污阀	P

给水管道上常用的阀门有截止阀、闸阀、球阀、蝶阀、止回阀、旋塞阀和浮球阀。

（1）截止阀。

截止阀的工作原理：通过改变阀瓣与阀座之间的距离（即流体通道截面的大小）达到开启、关闭和调节流量大小的目的。截止阀按结构形式主要有直通式、直角式和直流式三种，其中直通式（见图1-24）应用普遍，直角式次之，直流式很少用；截止阀按连接形式不同分为螺纹连接式和法兰连接式两种。

截止阀的特点是结构简单、关闭严密、维修方便，但阀体长、水流阻力较大，安装有方向性，流体低进高出，一般按箭头指示方向安装。常用在经常启闭的管路和经常需要调节介质流量的系统中。

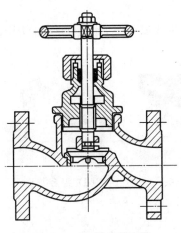

图1-24　直通式截止阀

（2）闸阀。

闸阀的工作原理是转动手轮带动阀板的升降，达到开启、关闭阀门的目的，在管路中主要作切断用，适宜用在完全开启或关闭的管路，不宜用在要求调节流量大小的管路中。阀体内有一平板与介质流动方向垂直，故亦称为闸板阀。靠平板的升降来启闭介质流。按闸板的结构不同分为楔式闸板阀、平行式闸板阀和弹性闸板阀三种，其中楔式闸板阀与平行式闸板阀应用普遍；按阀杆的结构不同分为明杆（见图1-25）和暗杆（见图1-26）两种；按连接形式不同分为内螺纹式与法兰式两种。

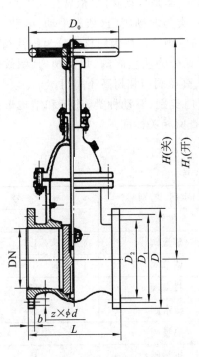

图1-25　明杆平行式闸板阀

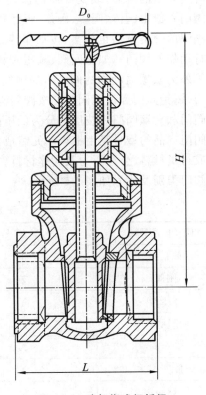

图1-26　暗杆楔式闸板阀

闸阀的优点是流动阻力小,开闭所需外力较小,介质的流向不受限制,全开时密封面受工作介质的冲蚀比截止阀小。缺点是外形尺寸和开启高度都较大,安装所需空间较大,开闭过程中密封面容易擦伤、严密性差。闸阀常用在公称通径 DN≥50 mm 的管道上。

（3）球阀。

球阀工作原理是启闭件(球体)由阀杆带动,并绕阀杆的轴线做旋转运动。球阀在管道中主要起关断作用,也可分配和改变介质的流动方向。球阀有浮动球球阀、固定球球阀和弹性球球阀。

球阀的特点是除具截止阀和闸阀的优点外,还具有体积小、密封性好、易操作、安装无方向性的优点,长期以来颇受用户的青睐;缺点是易磨损,维修困难。球阀是一种正逐渐被采用的新型阀门。

（4）蝶阀。

蝶阀是利用蝶板在阀体内绕固定轴旋转的阀门(见图 1-27)。阀板在 90°翻转范围内起调节流量和关闭的作用。蝶阀有手柄式及蜗轮传动式。

蝶阀的特点是结构简单、体积小、质量轻、流体阻力小,阀门的操作扭矩小,启闭方便省力,调节性能优于截止阀和闸阀,但密封性较差,关闭不严密。一般用于低压常温水系统。

（5）止回阀。

止回阀是用于防止管道或设备中介质倒流的一种阀门,它利用流体的动能开启阀门。在供热系统(也称采暖系统、供暖系统)中,多装在水泵出口、疏水器出口的管道上。在阀体内有一阀盘,当介质顺流时,靠其推力将阀盘升起,介质流过;当介质倒流时,阀盘或摇板靠其自重和介质的反向压力自动关闭。

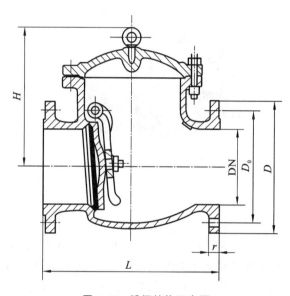

图 1-27　蝶阀结构示意图

常用的止回阀有旋启式(见图 1-28)和升降式(见图 1-29)两种。升降式止回阀密封性好,多用于 DN<200 mm 的水平管道上;旋启式止回阀密封性差,一般用在垂直向上流动或大直径的管道上。

图 1-28　旋启式止回阀

图 1-29　升降式止回阀

（6）旋塞阀。

旋塞阀（见图1-30）是一种关闭件（塞子）绕阀体中心线旋转来开启和关闭的阀门,其结构简单、操作方便、开关迅速、阻力较小,在管道中主要的作用是切断、分配和改变介质的流动方向。当手柄与阀体成平行状态时为全开启,垂直时为全关闭。旋塞阀主要用于低压、小口径和介质温度不高的场合。

（7）浮球阀。

浮球阀（见图1-31）是用来自动控制水流的补水阀门,常安装于水箱或水池上用来控制水位。当水箱水位达到设定值时,浮球浮起,自动关闭进水口;当水位下降时,浮球下落,开启进水口,自动充水,保持液位恒定。其缺点是体积较大,阀芯易卡住引起关闭不严而溢水。

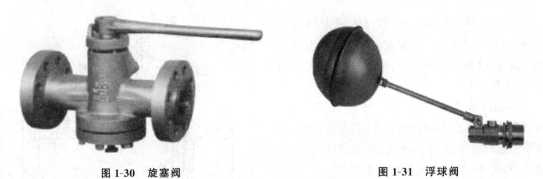

图1-30 旋塞阀　　　　　　　　　　　　　　　图1-31 浮球阀

3）其他附件

（1）水表。

水表是计量用户用水量的仪表。建筑内部给水系统中主要采用的是流速式水表。流速式水表按叶轮的构造不同,分为旋翼式（又称叶轮式）和螺翼式两种,如图1-32所示。旋翼式水表的叶轮转轴与水流方向垂直,阻力较大,起步流量和计量范围较小,多用于测量小流量。螺翼式水表的叶轮转轴与水流方向平行,阻力较小,起步流量和计量范围比旋翼式水表大,多用于测量大流量。随着科技的发展,出现了电磁流量计、远传式水表、IC卡智能水表等。

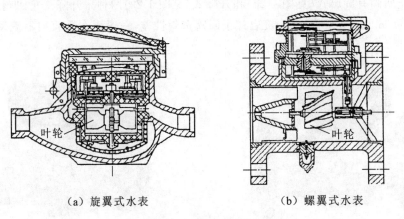

（a）旋翼式水表　　　　　　　　　　（b）螺翼式水表

图1-32 流速式水表

（2）管道过滤器。

利用扩容原理，除去液体中含有的固体颗粒。安装在水泵吸水管、进水总表、住宅进户水表、自动水位控制阀等阀件前，保护设备免受杂质的冲刷、磨损、淤积和堵塞，保证设备正常运行，延长设备的使用寿命。

（3）倒流防止器。

也称防污隔断阀，由两个止回阀中间加一个排水器组成。

用于防止生活饮用水管道发生回流污染。倒流防止器与止回阀的区别在于：止回阀只是引导水流单向流动的阀门，不是防止倒流污染的有效装置；管道倒流防止器具有止回阀的功能，而止回阀则不具备管道倒流防止器的功能，设管道倒流防止器后，不需要再设止回阀。

（4）水锤消除器。

在高层建筑物内用于消除因阀门或水泵快速开、闭所引起的管路中压力骤然升高的水锤危害，即减少水锤压力对管道及设备的破坏。水锤消除器可安装在水平、垂直甚至倾斜的管路中。

2. 排水附件

建筑排水系统常用附件有：地漏、存水弯、检查口、清扫口、通气帽等。

1）地漏

地漏主要用于排除地面积水。通常设置在地面易积水或需经常清洗的场所，如浴室、卫生间、厨房、餐厅等场所，家庭还可用作洗衣机排水口。

2）存水弯

存水弯是设置在卫生器具排水管上和生产污废水受水器的泄水口下方的排水附件。当卫生器具的构造中已有存水弯时，如坐便器、内置水封的挂式小便器、地漏等，不应在排水口以下设存水弯。存水弯中的水柱高度 h 称为水封，一般为 50～100 mm。其作用是利用一定高度的静水压力来抵抗排水管内气压的变化，隔绝和防止排水管道内产生的难闻有害气体和可燃气体及小虫等通过卫生器具进入室内而污染环境。存水弯的形状有 P 形、S 形、U 形、瓶形、钟罩形等多种形式，最常见的是 P 形和 S 形两种（见图 1-33）。

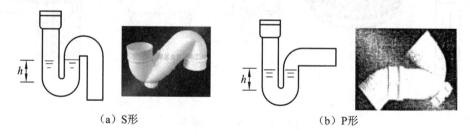

（a）S形　　　　　　　　　（b）P形

图 1-33　存水弯

3）检查口

检查口是一个带压盖的开口短管，拆开压盖即可进行疏通工作。检查口一般距地面 1～1.2 m，并应高出该层卫生器具上边缘 0.15 m。检查口设置在主管上，建筑物除最高层、最低层必须设置外，每隔一层设置一个。检查口如图 1-34 所示。

4）清扫口

当悬吊在楼板下面的污水横管上连接有 2 个及 2 个以上的大便器或 3 个及 3 个以上的卫生器具（除大便器外）时,应在横管的起端设清扫口;在连接 4 个及 4 个以上的大便器的塑料排水横管上宜设置清扫口;在水流偏转角大于 45° 的排水横管上,应设置检查口或清扫口。清扫口顶面宜与地面相平,也可采用带螺栓盖板的弯头、带堵头的三通配件等作清扫口。清扫口如图 1-35 所示。

图 1-34　检查口

图 1-35　清扫口

5）通气帽

在通气管顶端应设通气帽,通气帽形式一般有甲型通气帽和乙型通气帽两种（见图 1-36）。甲型通气帽,也称为圆形通气帽,适用于气候较温暖的地区;乙型通气帽,也称为伞形通气帽,适用于冬季采暖室外温度低于 −12 ℃ 的地区,以避免因潮气结霜封闭钢丝网罩而堵塞通气口的现象发生。

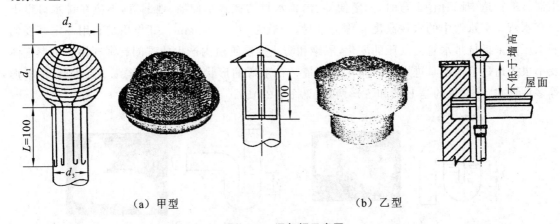

（a）甲型　　　　　　　　　　　　　（b）乙型

图 1-36　通气帽示意图

四、卫生器具

卫生器具是室内排水系统的起点,是接纳生活、生产中产生的污废水的设备。卫生器具多由陶瓷、搪瓷、玻璃钢、塑料、不锈钢等材料制成。

卫生器具按用途可分为三大类:便溺用卫生器具(包括大便器、小便器等),盥洗、淋浴用卫生器具(包括洗脸盆、盥洗槽、浴盆、沐浴器等),洗涤用卫生器具(包括洗涤盆、污水盆等)。

1. 便溺用卫生器具

1)大便器

常用的大便器有坐式大便器、蹲式大便器和大便槽三种类型。坐式大便器多用于住宅、宾馆和医院等建筑的卫生间;蹲式大便器多用于集体宿舍、公共建筑的公共厕所;大便槽多用于建筑标准不高的公共建筑,由于卫生条件差,现已很少采用。

2)小便器

小便器有挂式小便器、立式小便器和小便槽三种,小便器的冲洗设备,可以采用手动冲洗阀、自动冲洗水箱。在大型公共建筑、学校、集体宿舍的男卫生间,一般设置小便器。

2. 盥洗、沐浴用卫生器具

1)洗脸盆

洗脸盆按结构形状可分为长方形、半圆形、三角形和椭圆形等类型;按安装方式可分为墙挂式、柱脚式、台式等。

2)盥洗槽

盥洗槽多用于卫生标准要求不高的公共建筑和集体宿舍等场所。盥洗槽为现场制作的卫生设备,常用材料为瓷砖、水磨石等。有靠墙设的长条形盥洗槽和置于卫生间中间的圆形盥洗槽之分。

3)浴盆

浴盆设在住宅、宾馆等建筑物的卫生间内及公共浴室内,浴盆外形一般分为长方形、方形、椭圆形等。

浴盆一般设有冷、热水龙头或混合水龙头,并配有固定或活动式淋浴喷头。

4)淋浴器

淋浴器一般设置在工业企业生活间、集体宿舍及旅馆的卫生间、体育场和公共浴室内。淋浴器具有占地面积小、使用人数多、设备利用率高、耗水量小等优点。按配水阀和装置不同分为普通式、脚踏式、光电式等。

3. 洗涤用卫生器具

1)洗涤盆

广泛用于住宅厨房、公共食堂等场所。具有清洁卫生、使用方便等优点。多为陶瓷、搪瓷、不锈钢和玻璃制器。洗涤盆可分为单格、双格和三格等。按安装方式,洗涤盆又可分为墙挂式、柱脚式和台式。

2)污水盆

一般设于公共建筑的厕所或盥洗室内,供洗涤清扫工具、倾倒污(废)水用。一般用水磨石制作或者用砖砌镶嵌瓷砖,多为落地式。

任务 4 建筑消防给水系统

我国消防安全工作的方针是"预防为主,防消结合",最大限度地减少火灾的发生。
建筑消防给水系统常见的主要有室内消火栓给水系统和自动喷水灭火系统两大类。

一、室内消火栓给水系统

1. 室内消火栓给水系统的设置原则

按照我国《建筑设计防火规范》(GB 50016—2014)的规定,下列场所应设置室内消火栓给水系统。

(1) 建筑占地面积大于 300 m² 的厂房(仓库)。

(2) 体积大于 5 000 m³ 的车站、码头、机场的候车(船、机)楼、展览建筑、商店、旅馆建筑、病房楼、门诊楼、图书馆建筑等。

(3) 特等、甲等剧场,超过 800 个座位的其他等级的剧场和电影院等,超过 1 200 个座位的礼堂、体育馆等。

(4) 超过 5 层或体积大于 10 000 m³ 的办公楼、教学楼、非住宅类居住建筑等其他民用建筑。

(5) 超过 7 层的住宅应设置室内消火栓给水系统,当确有困难时,可只设置干式消防竖管和不带消火栓箱的 DN65 的室内消火栓。消防竖管的公称直径不应小于 65 mm。

注:耐火等级为一、二级且可燃物较少的单层、多层丁类和戊类厂房(仓库),耐火等级为三、四级且建筑体积小于等于 3 000 m³ 的丁类厂房和建筑体积小于等于 5 000 m³ 的戊类厂房(仓库),粮食仓库、金库可不设置室内消火栓。

(6) 国家级文物保护单位的重点砖木或木结构的古建筑,宜设置室内消火栓。

上述低层建筑物,一旦发生火灾,虽然能利用消防车从室外消防给水系统取水加压,能够有效地直接扑灭建筑物火灾,但是,建筑物内仍然应设消火栓给水系统,其目的在于有效地控制和扑救室内的初期火灾。

但存有与水接触能引起燃烧爆炸的物品的建筑物和室内没有生产、生活给水管道,室外消防用水取自贮水池且建筑体积小于等于 5 000 m³ 的其他建筑可不设置室内消火栓。

2. 室内消火栓给水系统的组成

室内消火栓给水系统主要由消防水源、消防给水管道系统、消防给水设备和消火栓箱(内有消火栓、水龙带和水枪等)组成。室内消火栓给水系统如图 1-37 所示。

1) 消防水源

消防水源可由城市给水管网、天然水源或消防水池供给。消防水池用于无室外消防水源的情况,可设于室外地下,也可设在室内地下室,可与生活或生产贮水池合用,也可单独设置。

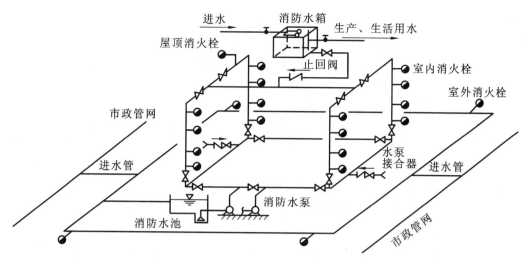

图 1-37 室内消火栓给水系统

2）消防给水管道系统

消防给水管道系统由进水管、消防干管、消防立管和消防支管等组成。消防给水管道应构成水平或垂直环网，并保证至少有两条进水管。管道材料一般采用镀锌钢管或给水铸铁管。

3）消防给水设备

消防给水设备主要是指消防水箱、消防水泵和水泵接合器等。消防水箱对扑救初期火灾起着重要作用，水箱安装高度应满足室内最不利点消火栓所需的水压要求，且应储存 10 min 的消防用水量。水泵接合器是连接消防车向室内消防给水系统加压供水的装置。水泵接合器分为地上式、地下式和墙壁式等。水泵接合器的一端由消防给水管网水平干管引出，另一端设置在消防车易于接近的地方。

4）消火栓箱

箱内配有室内消火栓、消防水龙带、消防水枪、消防卷盘等。消火栓箱通常用铝合金、冷轧板、不锈钢制作，外装玻璃门，门上设有明显的标识。消火栓箱根据安装方式可分为明装、暗装等，如图 1-38 所示。

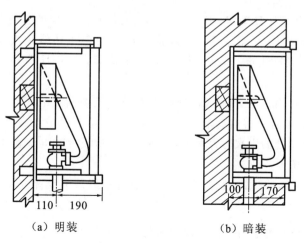

（a）明装　　　　　　　（b）暗装

图 1-38 消火栓箱安装图

室内消火栓是控制水流的设备,一般为内扣式接口的球形阀式龙头,分单出口和双出口。单出口消火栓直径有 50 mm 和 65 mm 两种,双出口消火栓直径为 65 mm。

消防水龙带为引水的软管,一般用麻线或者化纤材料制成,可以衬橡胶里。与室内消火栓配套的水龙带直径有 50 mm 和 65 mm 两种,长度为 15 m、20 m、25 m、30 m 四种规格。

消防水枪是灭火的重要工具,它的作用在于产生灭火需要的充实水柱。室内一般采用直流式水枪,喷嘴口径有 13 mm、16 mm、19 mm 三种。喷嘴口径 13 mm 的水枪配备直径 50 mm 的水龙带,喷嘴口径 16 mm 的水枪配备直径 50 mm 或 65 mm 的水龙带,喷嘴口径 19 mm 的水枪配备直径 65 mm 的水龙带。

消防卷盘,又称水喉,一般要安装在室内消火栓箱内,由 25 mm 的小口径的消火栓、内径 19 mm 的胶带和口径不小于 6 mm 的喷嘴组成,供非专业消防人员自救扑灭初期火灾用。

3. 室内消火栓的布置要求

(1)除无可燃物的设备层外,需设置室内消火栓的建筑物,其各层均应设置消火栓。

单元式、塔式住宅的消火栓宜设置在楼梯间的首层和各层楼层休息平台上,当设 2 根消防竖管确有困难时,可设 1 根消防竖管,但必须采用双阀双出口消火栓。干式消火栓竖管应在首层靠出口部位设置便于消防车供水的快速接口和止回阀。

(2)消防电梯间前室内应设置消火栓。

(3)室内消火栓应设置在位置明显且易于操作的部位。栓口离地面或操作基面高度宜为 1.1 m,其出水方向宜向下或与设置消火栓的墙面成 90°角;栓口与消火栓箱内边缘的距离不应影响消防水龙带的连接。

(4)冷库内的消火栓应设置在常温穿堂或楼梯间内。

(5)室内消火栓的间距应由计算确定。高层厂房(仓库)、高架仓库和甲、乙类厂房中室内消火栓的间距不应大于 30.0 m;其他单层和多层建筑中室内消火栓的间距不应大于 50.0 m。

(6)同一建筑物内应采用统一规格的消火栓、水枪和水龙带。每条水龙带的长度不应大于 25.0 m。

(7)室内消火栓的布置应保证每一个防火分区同层有 2 支水枪的充实水柱同时到达任何部位。建筑高度小于等于 24.0 m 且体积小于等于 5 000 m³ 的多层仓库,可采用 1 支水枪充实水柱到达室内任何部位。

水枪的充实水柱应经计算确定,甲/乙类厂房、层数超过 6 层的公共建筑和层数超过 4 层的厂房(仓库),不应小于 10.0 m;高层厂房(仓库)、高架仓库和体积大于 25 000 m³ 的商店、体育馆、影剧院、会堂、展览建筑,车站、码头、机场建筑等,不应小于 13.0 m;其他建筑,不宜小于 7.0 m;

(8)高层厂房(仓库)和高位消防水箱静压不能满足最不利点消火栓水压要求的其他建筑,应在每个室内消火栓处设置直接启动消防水泵的按钮,并应有保护设施。

(9)室内消火栓栓口处的出水压力大于 0.5 MPa 时,应设置减压设施;静水压力大于 1.0 MPa 时,应采用分区给水系统。

(10)设有室内消火栓的建筑,如为平屋顶时,宜在平屋顶上设置试验和检查用的消火栓。

4. 消防给水方式

1)室外管网直接给水的室内消火栓给水系统

当室外给水管网的压力和流量在任何时间均能满足室内最不利点消火栓的设计水压和流

量时,采用直接给水方式。

2)有加压水泵和水箱的室内消火栓给水系统

当室外管网的压力和流量经常不能满足室内消防给水系统所需的水量、水压时,宜设有加压水泵和水箱的室内消火栓给水系统。

3)不分区的消火栓给水系统

建筑物高度大于 24 m 但不超过 50 m,室内消火栓接口处静水压力不超过 1.0 MPa 的工业与民用建筑室内消火栓给水系统,仍可由消防车通过水泵接合器向室内管网供水,可以采用不分区的消火栓给水系统。

4)分区消火栓给水系统

建筑物高度超过 50 m,消防车已难以协助灭火,室内消火栓给水系统应采用分区供水。分区消火栓给水系统可分为并联给水方式、串联给水方式和减压给水方式。当消火栓口的出水压力大于 0.5 MPa 时,应采用减压给水方式。

二、自动喷水灭火系统

自动喷水灭火系统是指在着火场所达到一定温度时,能自动地将水喷洒在着火物上及时扑灭火灾或隔离着火区域,防止火灾蔓延,同时发出火警信号的消防灭火系统。

1. 自动喷水灭火系统的种类

根据系统中所使用的喷头形式不同,自动喷水灭火系统可分为闭式自动喷水灭火系统和开式自动喷水灭火系统两大类。

1)闭式自动喷水灭火系统

闭式自动喷水灭火系统用控制设备(如易熔合金)堵住喷头的出口,当火场达到一定温度,易熔合金等控制设备熔化将喷头打开并灭火。

闭式自动喷水灭火系统根据地区气候条件及建筑物情况又分为湿式、干式和预作用式三种。

(1)湿式自动喷水灭火系统。

湿式自动喷水灭火系统(见图 1-39)的工作原理是:当火灾发生时,建筑物内温度上升,导致湿式自动喷水灭火系统的闭式喷头温感元件感温爆破或熔化脱落,喷头喷水;喷水造成报警阀上方的水压小于下方的水压,于是阀板开启,向洒水管网供水,同时部分水流沿报警器的环形槽进入延迟器、压力继电器及水力警铃等设施,发出火警信号,启动消防水泵等设施供水。

湿式自动喷水灭火系统适用于室内温度为 4～70 ℃ 的建筑物内。特点是系统结构简单、使用可靠、比较经济,因此应用比较广泛。

(2)干式自动喷水灭火系统。

干式自动喷水灭火系统(见 1-40)的工作原理是:发生火灾时,喷头脱落后,管道中的空气首先排出,使干式报警阀后管网内的压力降低,干式报警阀开启,水流向配水管网,喷头开始喷水。干式自动喷水灭火系统适用于采暖期超过 240 天的不采暖房间和室内温度在 4 ℃ 以下或 70 ℃ 以上的场所,其喷头宜向上设置。

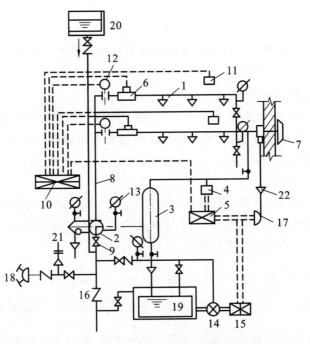

图 1-39　湿式自动喷水灭火系统

1—闭式喷头；2—湿式报警阀；3—延迟器；4—压力继电器；5—电气自控箱；6—水流指示器；7—水力警铃；8—配水管；
9—阀门；10—火灾收信机；11—感烟、感温火灾探测器；12—火灾报警装置；13—压力表；14—消防水泵；15—电动机；
16—止回阀；17—按钮；18—水泵接合器；19—水池；20—高位水箱；21—安全阀；22—排水漏斗

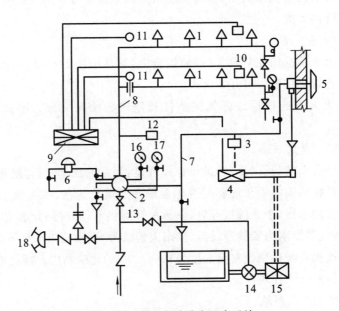

图 1-40　干式自动喷水灭火系统

1—闭式喷头；2—干式报警阀；3—压力继电器；4—电气自控箱；5—水力警铃；6—快干器；7—信号管；
8—配水管；9—火灾收信机；10—感温、感烟火灾探测器；11—报警装置；12—气压保持器；13—阀门；
14—消防水泵；15—电动机；16—阀后压力表；17—阀前压力表；18—水泵接合器

（3）预作用自动喷水灭火系统。

预作用自动喷水灭火系统（见图 1-41）的工作原理是：喷水管网中平时不充水，而充以有压或无压的气体；发生火灾时，接收到火灾探测器信号后，自动启动预作用阀而向管网充水，系统由干式变为湿式，完成预作用；当起火房间内温度继续升高，闭式喷头的闭锁装置脱落时，喷头则自动喷水灭火。

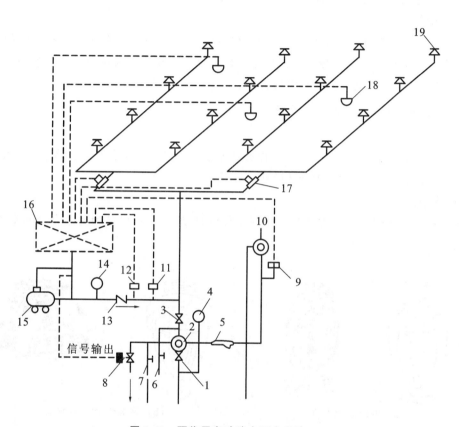

图 1-41 预作用自动喷水灭火系统

1—总控制阀；2—预作用阀；3—检修间阀；4—压力表；5—过滤器；6—截止阀；7—手动开启截止阀；

8—电磁阀；9—压力开关；10—水力警铃；11—压力开关；12—低气压报警压力开关；13—止回阀；

14—压力表；15—空压机；16—火灾报警控制箱；17—水流指示器；18—火灾探测器；19—闭式喷头

2）开式自动喷水灭火系统

开式自动喷水灭火系统是指喷头的出口是开启的，控制设备在管网上，其喷头的开启是成组作用阀起作用。

开式自动喷水灭火系统由火灾探测自动控制传动系统、自动控制成组作用阀门系统、带开式喷头的自动喷水灭火系统三部分组成。

开式自动喷水灭火系统按喷水形式不同可分为雨淋灭火系统、水幕灭火系统和水喷雾灭火系统。

（1）雨淋灭火系统。

雨淋灭火系统是喷头常开的灭火系统。建筑物发生火灾时，由自动控制装置打开集中控制阀门,使每个保护区域的所有喷头喷水灭火。该系统具有出水量大、灭火及时的优点,适用于火灾蔓延快、危险性大的建筑物或部位。如超过 1 200 个座位的影剧院、超过 2 000 个座位的会堂舞台、建筑面积超过 400 m² 的演播室、建筑面积超过 500 m² 的电影摄影棚等。

(2) 水幕灭火系统。

水幕灭火系统喷头沿线状布置,发生火灾时主要起阻火、隔火、冷却防火隔断和局部灭火作用。该系统适用于需防火隔离的开口部位,如舞台与观众之间的隔离水帘等。

(3) 水喷雾灭火系统。

水喷雾灭火系统是用喷雾喷头把水粉碎成细小的雾状水滴后喷射到正在燃烧的物质表面,通过表面冷却窒息、乳化、稀释的共同作用实现灭火。水喷雾灭火系统既能扑救固体火灾,也可以扑救液体火灾、可燃气体火灾和电气火灾。

2. 自动喷水灭火系统的主要设备

1) 喷头

喷头的种类有很多,一般按喷头是否有堵水支撑分为两类:喷水口有堵水支撑的称为闭式喷头,喷水口无堵水支撑的称为开式喷头。

(1) 闭式喷头。

闭式喷头是带热敏感元件和自动密封组件的自动喷头,可以分为易熔合金洒水喷头和玻璃球洒水喷头,如图 1-42 所示。

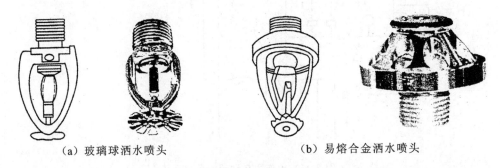

（a）玻璃球洒水喷头　　　　　　　　（b）易熔合金洒水喷头

图 1-42　闭式喷头

(2) 开式喷头。

开式喷头是不带热敏感元件的喷头。根据用途不同有三种类型:开式洒水喷头、水幕喷头、水雾喷头,如图 1-43 所示。

2) 水流报警设备

(1) 报警阀(也称为控制信号阀)。

报警阀的作用是开启和关闭管网的水流,传递控制信号至控制系统并启动水力警铃直接报警。报警阀分湿式、干式、两用式和雨淋式等。

(2) 水力警铃。

水力警铃主要用于湿式喷水灭火系统中,宜装在报警阀附近。当报警阀打开消防水源后,具有一定压力的水流冲击叶轮打铃报警。

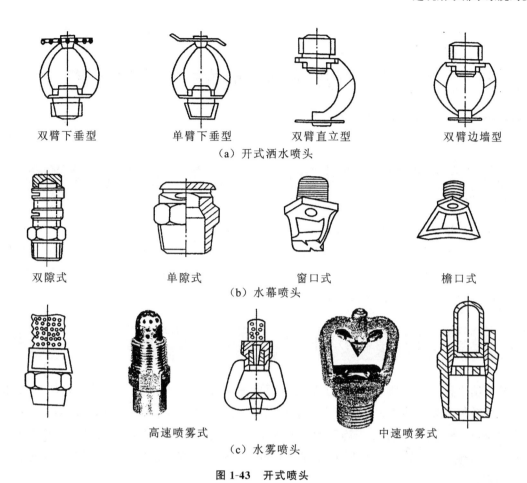

（a）开式洒水喷头

双臂下垂型　　单臂下垂型　　双臂直立型　　双臂边墙型

双隙式　　　单隙式　　　窗口式　　　檐口式

（b）水幕喷头

高速喷雾式　　　　　　　　中速喷雾式

（c）水雾喷头

图 1-43　开式喷头

（3）水流指示器。

水流指示器也主要用于湿式喷水灭火系统中。当某个喷头开启喷水或管网发生水量泄漏时，管道中的水产生流动，引起水流指示器中桨片随水流而动作，接通延时电路 20～30 s 之后，继电器触点吸合，发出区域水流电信号，送至消防室。通常水流指示器安装于各楼层的配水干管或支管上。

（4）压力开关。

压力开关垂直安装于延时器和水力警铃之间的管道上，在水力警铃报警的同时，依靠警铃内水压的升高自动接通电触点，完成电动警铃报警，向消防控制室传送电信号或启动消防水泵。

（5）延迟器。

延迟器是一个罐式容器，安装于报警阀和水力警铃（或压力开关）之间，用来防止水压波动引起报警阀开启而导致的误报。报警阀开启后，水流须经 30 s 左右充满延迟器后方可冲打水力警铃。

（6）火灾探测器。

目前常用的是感烟、感温探测器。感烟探测器是利用火灾发生地点的烟雾浓度进行探测，感温探测器是通过火灾引起的温升进行探测。

任务 5 建筑给水排水施工图识读

一、建筑给水排水施工图

建筑给水排水施工图属于设备施工图。

设备施工图是指描述安装在建筑物内的给水排水管道、采暖、通风空调管道、电气线路等，以及相应的设施、装置的图纸。因此，设备施工图的种类主要有建筑给水排水施工图、采暖施工图、通风空调施工图、电气施工图等。

二、建筑给水排水施工图的组成及内容

建筑给水排水工程是房屋建筑工程的重要组成部分，其设计和施工质量的好坏，将直接影响建筑的功能和安全性能。建筑给水排水施工图表达了建筑给水排水工程设计的主要内容和技术要求，是建筑给水排水工程施工的主要依据。能够快速、准确地识读建筑给水排水施工图是建筑给水排水工程施工技术人员、监理人员和即将从事工程建设的有关人员应该掌握的基本技术知识。

建筑给水排水施工图一般由图纸目录、设计和施工说明、平面图、系统图、局部详图、主要设备材料明细表和图例等几部分组成。

1. 图纸目录

图纸目录主要标注单位工程名称、图号的编码、图纸名称及数量、图纸规格等内容。有些图纸目录将全部施工图纸进行分类编号，并填入图纸目录表格中，一般作为施工图的首页，用于施工技术档案的管理。

2. 设计和施工说明

凡是图纸中无法表达或表达不清的内容，必须用文字说明。

主要内容是用必要的文字来表明工程的概况及设计者的意图，它是设计的重要组成部分。给水排水系统的设计往往同给水排水说明一起写在一份图纸的首页或者当系统较小、内容少时直接写在图纸上。

设计和施工说明主要包括：建筑的工程概况、设计依据、执行标准、设计技术参数等；系统布置形式、给水方式；采用的管材种类、接口方式、敷设方式及安装要求；管道的防腐、防冻和防结露的方法；卫生器具的类型及安装方式，水压试验要求；施工中需参照的标准图集的名称及页码等；安装和调节运行时应遵循的标准和规范等。

3. 平面图

建筑给水排水平面图表示建筑物内各层给水排水管道及卫生设备的平面布置情况，其内容包括：

（1）各用水设备和卫生器具的类型及平面位置；

（2）各干管、立管、支管的平面位置，立管编号和管道的敷设方式；

（3）管道附件（阀门、水表、消火栓等）的平面位置、规格、种类、敷设方式等。

（4）给水引入管和污水排出管的平面位置、编号以及与室外给水排水管网的联系。

建筑给水排水平面图一般采用与建筑平面图相同的比例，常用比例为 1∶100，必要时也可绘制卫生间大样图，比例采用 1∶50、1∶30、1∶20 等。多层建筑的给水排水平面图，原则上应分层绘制。管道与卫生器具相同的楼层可以只绘制一张给水排水平面图，但首层必须单独绘制，当屋顶设水箱间时，应绘制屋顶给水排水平面图。

4. 系统图（也称轴测图或系统轴测图）

给水排水系统图是采用 45°或者 135°轴测投影原理反映管道及设备的空间位置关系的图纸。给水排水系统图一般应分别绘制给水系统图和排水系统图。

给水排水系统图的主要内容包括：

（1）给水引入管、干管、立管、支管等管道空间走向；

（2）排水排出管、排水横管、排水立管的空间走向；

（3）各种管道的管径、标高、坡度及坡向，立管编号；

（4）给水排水管道附件的位置、规格等。

给水排水系统图一般采用与平面图相同的比例，必要时也可放大或缩小，不按比例绘制。轴测图中的标高均为相对标高（相对室内地面），给水管道及附件设置标高通常在绘制给水排水施工图时标注中心线标高，排水管道及附件通常标注管底标高。给水排水管道及附件的表示方法均应按照《建筑给水排水制图标准》（GB/T 50106—2010）中规定的图例绘制。

5. 局部详图（也称大样图）

凡在平面图和系统图中无法表达清楚的局部构造或由于比例的原因不能表达清楚的内容，必须绘制局部详图。局部详图应优先采用通用标准图，如卫生器具安装、阀门井、水表井、局部污水处理构筑物等，详见《给水排水标准图集》S1～S4。

6. 主要设备材料明细表和图例

为了使施工准备的材料和设备等符合设计要求，对于重要工程中的材料和设备，应编制主要设备材料明细表，列出设备和材料的名称、规格、型号、单位、数量及附注说明等项目，将在施工中涉及的管材、阀门、仪表和设备等均列入表中，对于不影响工程进度和质量的辅助性材料，允许施工单位自行决定是否列入表中。建筑给水排水施工图中选定的设备对生产厂家有明确要求时，应将生产厂家的厂名写在明细表的附注里，同时绘制出施工中所用的图例。

三、建筑给水排水施工图的识读举例

建筑给水排水施工图和土建工程施工图关系密切，相互依托，建筑给水排水施工图中标明的设备及管线总是以土建工程施工图为基础进行识读的。

识图时先看设计和施工说明,如管道所选用的材料及施工方法、卫生器具的类型和位置、施工中采用的标准图集等。看图前必须先熟悉相关图例(见表1-6至表1-12),然后仔细对照并识读建筑给水排水平面图和系统图,给水系统可按水流方向从引入管、干管、立管、支管到卫生器具的顺序来识读,排水系统可按水流方向从卫生器具排水管、排水横管、排水立管到排出管的顺序来识读。

在系统图上弄清给水排水系统的全貌后,对管路中的管道规格、升压和贮水设备、阀门的种类及数量等进行详细分析,并对照平面图了解管道和设备的空间走向和平面位置,将系统图和平面图对照,看哪些是明装,哪些管道需要暗装或预留孔洞等,最后看局部详图或大样图,起到将局部构造弄懂为止。

表1-6 给水排水施工图常用图例

序号	名称	图例	序号	名称	图例
1	给水管	—— J ——	11	冲水箱给水管	—— CJ ——
2	排水管	—— P ——	12	冲水箱回水管	——CH——
3	污水管	—— W ——	13	蒸气管	—— Z ——
4	废水管	—— F ——	14	雨水管	—— Y ——
5	消火栓给水管	—— XH ——	15	空调凝结水管	——KN——
6	自动喷水灭火给水管	—— ZP ——	16	暖气管	—— N ——
7	热水给水管	—— RJ ——	17	坡向	——→
8	热水回水管	—— RH ——	18	排水明沟	坡向 —→
9	冷却循环给水管	—— XJ ——	19	排水暗沟	坡向 --→
10	冷却循环回水管	—— XH ——			

表1-7 管道附件图例

序号	名称	图例	序号	名称	图例
1	清扫口	▢ ⊤	8	异径管	◁▷ ◁▷ ◁▷

续表

序号	名称	图例	序号	名称	图例
2	雨水斗	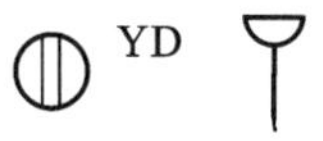	9	偏心异径管	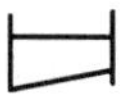
3	圆形地漏		10	自动冲洗水箱	
4	方形地漏		11	淋浴喷头	
5	存水弯		12	管道立管	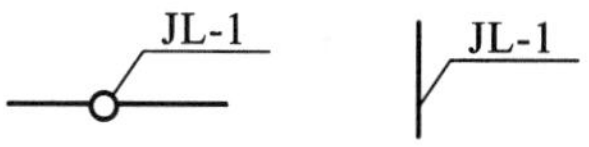 JL-1 JL-1
6	通气帽		13	立管检查口	
7	喇叭口		14	吸水喇叭口	

表 1-8 管道连接图例

序号	名称	图例	序号	名称	图例
1	套管伸缩器	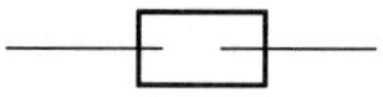	7	保温管	
2	弧形伸缩器		8	法兰连接	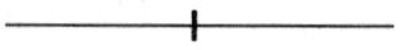
3	刚性防水套管	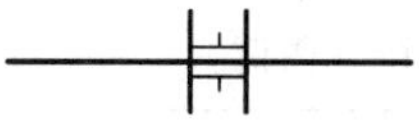	9	承插连接	
4	柔性防水套管	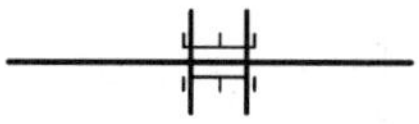	10	管堵	
5	软管		11	乙字管	
6	可挠曲橡胶接头		12	管道固定支架	

表 1-9　阀门图例

序　号	名　称	图　例	序　号	名　称	图　例
1	闸阀		11	电磁阀	
2	截止阀	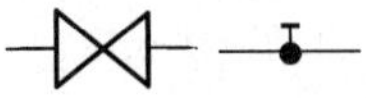	12	止回阀	
3	球阀		13	消声止回阀	
4	隔膜阀		14	自动排气阀	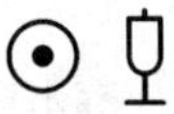
5	液动阀		15	电动阀	
6	气动阀		16	湿式报警阀	
7	减压阀	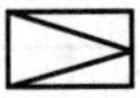	17	法兰止回阀	
8	旋塞阀	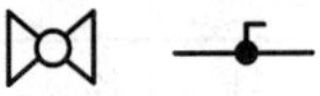	18	消防报警阀	
9	温度调节阀		19	浮球阀	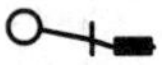
10	压力调节阀				

表 1-10　给水配件图例

序　号	名　称	图　例	序　号	名　称	图　例
1	水龙头	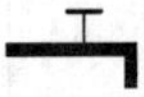	7	室外消火栓	
2	延时自闭冲洗阀		8	室内消火栓（单口）	
3	泵		9	室内消火栓（双口）	

序　号	名　　称	图　例	序　号	名　　称	图　例
4	离心水泵		10	水泵接合器	
5	管道泵		11	自动喷淋头	
6	潜水泵	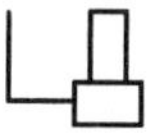			

表 1-11　给水排水设备图例

序　号	名　　称	图　例	序　号	名　　称	图　例
1	洗脸盆	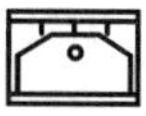	10	小便槽	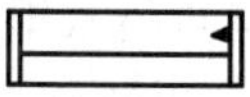
2	立式洗脸盆		11	化粪池	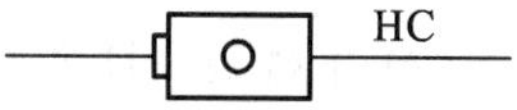 HC
3	浴盆	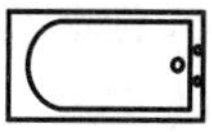	12	隔油池	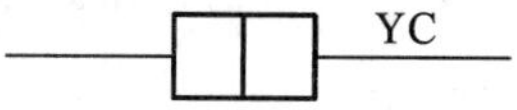 YC
4	化验盆、洗涤盆		13	水封井	
5	洗槽		14	阀门井、检查井	
6	拖布池		15	水表井	
7	立式小便器		16	雨水口	
8	挂式小便器		17	坐式大便器	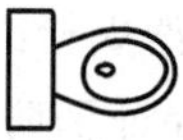
9	蹲式大便器	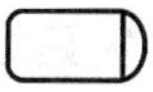			

表 1-12　给水排水专业所用仪表图例

序号	名称	图例	序号	名称	图例
1	流量计	▶	5	水表	⊘
2	温度计		6	除垢器	▨
3	水流指示器	Ⓛ	7	疏水器	●
4	压力表		8	Y形过滤器	

某建筑给水排水施工图的设计和施工说明如下。

（一）生活给水系统

（1）市政给水管网供水压力为 300 kPa，采用直接给水方式。

（2）本楼最高日供水量为 12 600 L。

（3）生活给水系统是下行上给式给水系统。

（4）每户设一块湿式旋翼式水表，公称直径为 20 mm，总水表设在户外水表井内，公称直径为 50 mm。

（二）生活排水系统

（1）排水系统为污水、废水、雨水合流制，建筑物室内地坪正负零以上采用重力自流排水。

（2）排水立管采用伸顶通气管，顶部设排气帽，排气帽高出坡屋面 500 mm。

（三）消防给水系统

（1）消防给水系统设计按小区发生一次火灾计算消防用水量。本建筑室内消火栓用水量为 15 L/s，火灾延续时间为 2 h。室外消防用水由小区水泵供水管网直接供给。室内消火栓用水从地下室消防泵房经小区专用室内消火栓给水管网统一提供，保证室内消火栓所需的工作压力和用水量。

（2）本小区消火栓系统与生活给水系统各自独立。

（3）按照《建筑设计防火规范》的要求，各栋住宅均设置室内消火栓给水系统，地下室（车库）设置室内消火栓给水系统和自动喷淋给水系统。

（4）消火栓给水系统和自动喷淋给水系统分开设置，分别采用一套全自动气压罐消防供水设备，以保证消防用水量和工作压力。

（5）消火栓的水枪充实水柱不小于 10 m，栓口直径为 65 mm，水枪喷嘴口径不应小于 19 mm。

（6）本工程按中危级考虑，设计喷淋用水量 26 L/s，火灾延续时间为 1 h。喷淋用水由小区自动喷淋泵经小区专用喷淋管网提供。

（7）报警阀按设计规范要求设置，阀后按防火分区设置水流指示器。

(8) 车库的喷头全部为向上安装闭式喷头。

(9) 地下消防水池有效容积：按满足消火栓灭火系统火灾延续时间 2 h 计算，自动喷淋系统火灾延续时间 1 h 计算。本小区地下消防水池有效容积应为 200 t(1 t＝1 000 kg)，屋面消防水箱贮水量为 25 t。

任务 **6** 建筑给水排水系统的布置和敷设

建筑给水排水工程中所使用的主要材料、成品、半成品、配件、器具和设备必须具有质量合格证明文件及性能检测报告。生活给水系统所涉及的材料必须达到饮用水卫生标准。

给水管道必须采用与管材相适应的管件。给水塑料管和复合管可以采用热熔连接、胶黏剂黏结及法兰连接等形式。塑料管和复合管与金属管件、阀门等的连接应使用专用管件。

一、建筑给水管道的布置形式

1. 室内给水管道的布置要求

给水管道总的布置要求是力求管线最短，平行于梁、柱，沿墙壁或顶棚做直线布置；给水干管应尽可能靠近用水量最大或不允许中断供水的用水处；埋地给水管应避免布置在可能被重物压坏或设备振动处，管道不得穿过设备基础；工厂车间内的管道应布置在不妨碍生产操作，遇水不会引起爆炸、燃烧或损坏原料、产品和设备的地方；给水管道不得穿过橱窗、壁柜、木装修面，不得穿过大小便槽，不得穿过伸缩缝，必须通过时，应采取相应的技术措施；给水管道与其他管道同沟或共架敷设时，按规范要求；给水管道不宜与输送易燃、易爆或有害气体及液体的管道同沟敷设；给水管道横管应有 0.002～0.005 的坡度坡向泄水装置。

2. 室内给水管道的布置形式

室内给水管道的布置应按照适用、经济和美观的原则综合考虑，并保证建筑物的使用功能和供水安全。根据水平干管在建筑物中位置的不同可以分为下行上给式、上行下给式和中分式三种布置形式。

(1) 下行上给式：水平干管在建筑物的下部，水通过立管由下部向上部供水。

(2) 上行下给式：水平干管在建筑物的上部，水通过立管由上部向下部供水。

(3) 中分式：水平干管在建筑物的中间的技术层内，水向上、下部两个方向供水。

二、建筑给水管道的敷设方式

给水管道的敷设根据建筑物的美观和卫生的要求，可分为明装和暗装两种方式。

1. 明装

明装是指管道沿墙、梁、柱、楼板或桁架等部位暴露敷设,也称明敷。明装具有安装和维修方便、造价低,但室内不美观,管道表面易积灰、夏天易结露等特点。明装一般适用于要求不高的民用及公共建筑、工业建筑等。

2. 暗装

暗装是指管道布置在管道竖井、地下室、管沟、吊顶等内部隐蔽敷设,也称暗敷。暗装具有整洁、美观,但安装复杂、维修不便、造价高等特点。暗装一般适用于装饰和卫生标准要求高的星级宾馆、酒店等建筑物。

三、室内给水管道的布置与敷设要求

1. 引入管的布置

引入管一般采用直接埋地方式敷设,也可从采暖管道回沟引入。当建筑用水量比较均匀时,可从建筑物中部引入。一般情况下,引入管可设置一条,如果建筑物对供水安全性要求高或不允许间断供水,引入管应不少于两条,从市政管网不同侧引入。如只能由建筑物的同侧引入,相邻两引入管间距不得小于 10 m,并应在接点设阀门。

(1)与污水排出管的水平间距不得小于 1 m。

(2)与煤气管道引入管的水平间距不得小于 0.75 m。

(3)与电线管的水平间距不得小于 0.75 m。

(4)引入管应有不小于 0.003 的坡度坡向室外管网。

引入管的埋深主要由地面荷载情况和气候条件决定。在北方寒冷地区,应在冰冻线以下,最小覆土厚度不得小于 0.7 m。引入管穿过建筑物基础时,应预留洞口。

给水管预留孔洞、墙槽尺寸如表 1-13 所示。

表 1-13　给水管预留孔洞、墙槽尺寸

管道名称	管径/mm	明管留孔尺寸 长(高)/mm×宽/mm	暗管墙槽尺寸 宽/mm×深/mm
立管	≤25	100×100	130×130
	32～50	150×150	150×130
	70～100	200×200	200×200
2 根立管	≤32	150×100	200×130
横支管	≤25	100×100	60×60
	32～40	150×130	150×100
引入管	≤100	300×200	

给水管道与其他管道和建筑结构之间的最小净距如表 1-14 所示。

表 1-14 给水管道与其他管道和建筑结构之间的最小净距(单位:mm)

给水管道名称		室内墙面	地沟壁和其他管道	梁、柱和设备	排水管		说明
					水平净距	垂直净距	
引入管					1 000	150	
横干管		100	100	50	500	150	
立管	管径						
	<32	25					
	32~50	35					
	75~100	50					
	125~150	60					

2. 干管

给水干管敷设方法有沿墙、梁、柱、地板暴露敷设的明装和在天花板下或吊顶中,以及管沟、管井、管廊、管槽中敷设的暗装两种方式。给水干管不得从抗震圈梁中穿过;上行下给式的干管应有保温措施以防结露;给水干管与其他管道同沟或共架敷设时,给水管道应布置在排水管、冷冻水管的上面,热水管在冷管的下面,水平干管不宜穿过建筑物的沉降缝和伸缩缝,必要时可采用橡胶软管法、丝扣弯头法等。

水平干管布置敷设时,与其他管道及建筑构件应保持必要间距:

(1)与排水管道的水平间距不得小于 0.5 m,垂直间距不得小于 0.15 m,且给水干管应在排水管的上方;

(2)与其他管道的净距不得小于 0.1 m;

(3)与墙、地沟壁的净距不得小于 0.08 m;

(4)与梁、柱、设备的净距不得小于 0.05 m;

(5)水平干管应有 0.002~0.005 的坡度坡向泄水点。

3. 立管

给水立管的安装分明装与暗装(安装于管道竖井内、墙槽内)两种。给水立管穿墙、穿楼板时应预留孔洞,给水立管与排水立管并行时,应置于排水立管外侧;与热水立管(蒸气立管)并行时,应置于热水立管右侧。立管穿过楼板时,应加装套管,并高出地面 20~50 mm,楼板内不应设立管接口,立管卡子的安装应符合下列要求。

(1)当层高小于或等于 5 m 时,每层须安装 1 个立管卡子;当层高大于 5 m 时,每层的立管卡子不得少于 2 个。

(2)管卡应距地面 1.5~1.8 m,2 个以上的管卡应均匀布置。

(3)多层及高层建筑,每隔一层要在立管上安装 1 个活接头。

4. 横支管

横支管应有不小于 0.002 的坡度坡向立管;冷、热水横支管水平并行敷设时,热水管在冷水管的上方；横支管与墙面净距不得小于 20 mm。给水横管管径较大时，用吊环或托架固定，而管径较小时多用管卡或托钩固定。

四、建筑排水管道的布置与敷设要求

排水管道的布置要求是便于安装和维护管理，满足经济和美观的要求。除此之外，还应遵守以下规定：自卫生器具至排出管的距离应力求最短，管道尽量避免转弯，以免阻塞；排水立管宜靠近排水量最大的排水点；排水管道不得穿越卧室、客厅、贮藏柜等对卫生和安静要求较高的房间；排水管道不得穿越沉降缝、伸缩缝、变形缝、烟道和风道及冰冻地段；防止水质污染；管道位置不妨碍生产操作、交通运输或建筑物的使用。

1. 排出管与排水干管

排水干管一般埋在地下，与排出管连接，为了保证水流通畅，排水干管应尽量少转弯；排水干管和排出管在穿越建筑物承重墙或基础时，应预留孔洞，其管顶上部的净空高度不得小于沉降量，且不小于 0.15 m；排出管管顶距室外地面不应小于 0.7 m，且排出管管顶标高不得低于检查井流水槽。排出管安装完毕后，应妥善封填预留孔洞，其做法是：用不透水的材料如沥青油麻或沥青玛蹄脂封填，并在内外两侧用 1:2 的水泥砂浆封口。

2. 排水立管

排水立管一般在墙角处明装，高级建筑的排水立管可暗装在管槽或管井中，排水立管宜靠近杂质多、水量大的排水点，民用建筑中的排水立管一般靠近大便器；排水立管一般不允许转弯，当上下层错位时，宜用 Z 字弯头或 45°弯头连接。排水立管穿过实心楼板时应预留孔洞，预留孔洞时应注意使排水立管中心与墙面有一定的操作距离。

3. 排水横管

排水横管、干管及排出管必须按规定的坡度敷设，以达到自流目的。底层排水横管多为埋地敷设，或以托架或吊架敷设于地下室顶棚下或地沟内，其他层都吊在楼板下，吊卡间距不得大于 2 m，且必须装在承口部位。连接 2 个及 2 个以上大便器或 3 个及 3 个以上卫生器具的污水管应设置清扫口。

4. 通气管

通气管管径应比排水立管管径大 1 号，变径一般在顶层楼板下 0.3 m 处，通气管高于屋面不得小于 0.3 m，并大于最大积雪厚度，对于经常有人活动的屋面，通气管应高出屋面 2 m，并应考虑设防雷装置。通气管出口不宜设在檐口、阳台和雨篷等挑出部分的下面，并应在土建施工屋面保温和防水之前，完成通气管安装，通气管超过屋面部分不应有承口露出。

5. 室内排水管道的安装

室内排水管道安装的一般程序：排出管→底层埋地排水横管→底层器具排水短管→排水立管→楼层排水横管→器具短支管、存水弯。

（1）生活污水铸铁管道的坡度必须符合设计或表 1-15 的规定。

表 1-15　生活污水铸铁管道的坡度

项　　次	管径/mm	标准坡度/(‰)	最小坡度/(‰)
1	50	35	25
2	75	25	15
3	100	20	12
4	125	15	10
5	150	10	7
6	200	8	5

（2）生活污水塑料管道的坡度必须符合设计或表 1-16 的规定。

表 1-16　生活污水塑料管道的坡度

项　　次	管径/mm	标准坡度/(‰)	最小坡度/(‰)
1	50	25	12
2	75	15	8
3	110	12	6
4	125	10	5
5	160	7	4

（3）在生活污水管道上设置检查口或清扫口。在立管上应每隔一层设置一个检查口，但在最底层和有卫生器具的最高层必须设置检查口。如为两层建筑，可仅在底层设置立管检查口；如有乙字管，则在该层乙字管的上部设置检查口。检查口中心高度距操作地面一般为 1 m，允许偏差 ±20 mm；检查口的朝向应便于检修。

在连接 2 个及 2 个以上大便器或 3 个及 3 个以上卫生器具的污水横管上应设置清扫口。当污水管在楼板下悬吊敷设时，可将清扫口设在上一层楼地面上，污水管起点的清扫口与垂直于管道的墙面的距离不得小于 200 mm。

（4）埋在地下或地板下的排水管道的检查口应设在检查井内。井底表面标高与检查口的法兰相平，井底表面应有 5% 的坡度坡向检查口。

（5）金属排水管道上的吊钩或卡箍应固定在承重结构上。固定件间距：横管不大于 2 m，立管不大于 3 m。楼层高度小于或等于 4 m 的，立管可安装 1 个固定件。立管底部的弯管处应设支墩或采取固定措施。

（6）排水通气管不得与风道或烟道连接，通气管应高出屋面 300 mm，但必须大于最大积雪厚度；在通风管出口 4 m 以内有门、窗时，通气管应高出门、窗顶 600 mm 或引向无门、无窗一侧；在经常有人停留的平屋顶上，通气管应高出屋面 2 m，并应根据防雷要求设置防雷装置。

（7）未经消毒处理的医院含毒污水管道，不得与其他排水管道直接连接；饮食工艺设备引出的排水管及饮用水水箱的溢流管，不得与污水管道直接连接，并应留出不小于 100 mm 的隔断空间。

（8）通向室外的排水管，穿过墙壁或基础必须下返时，应采用 45°弯头连接，并应在垂直管段顶部设置清扫口;由室内通向室外排水检查井的排水管,井内引入管应高于排出管或两管顶相平,并有不小于90°的水流转角,如跌落差大于300 mm,可不受角度限制。

(9)安装在室内的雨水管道应做灌水试验,灌水高度必须到每根立管上部的雨水斗;雨水管道如采用塑料管,其伸缩节安装应符合设计要求;雨水管道不得与生活污水管道相连接。

(10)隐蔽或埋地的排水管道在隐蔽前必须做灌水试验,其灌水高度应不低于底层卫生器具的上边缘或底层地面高度;排水主立管及水平干管管道均应做通球试验,通球球径不小于排水管道管径的2/3,通球率必须达到100%。

五、建筑给水排水与土建专业配合

(1)给水排水立管等楼板处加设套管,套管管径应比立管管径大1~2号;套管下端应与楼板平齐,上端应伸出地面50 mm。

(2)给水排水立管安装完毕后,应配合土建进行支模,并采用C20细石混凝土分两次将套管与立管间缝隙填实。

(3)卫生间地面应配合土建做冷防水,冷防水完毕后应做渗水试验,48 h观察,不渗不漏,方可进行地面上卫生器具及管道安装。

(4)卫生间内饰面应镶嵌镜砖,瓷砖可在卫生器具安装前镶嵌,但卫生器具安装位置处应预留安装面。

(5)卫生器具排水横支管敷设于本层地面上,应配合土建砌筑,每250~300 mm一步台阶。

(6)地面排水管道安装完毕后,以炉渣填实,再撒一薄层干灰后用水泥砂浆抹面,镶嵌地面砖,地面应做0.01的坡度,坡向积水坑。

六、建筑给水排水管道的水压试验

各种承压管道系统和设备应做水压试验,非承压管道系统和设备应做灌水试验。

1.给水管道的水压试验

关闭主管上、下阀门及洗脸盆支管上阀门,开启水表前阀门及坐便器支管上阀门,用试压泵分2~4次缓慢打压,待升压至1.5倍的工作压力或0.6 MPa时,停泵观察,在试验压力下稳压1 h,0.05 MPa,同时检查各连接处,如不渗不漏,则表明强度试验和严密性试验均合格。

2.排水管道的灌水试验

用橡胶胆封闭排出管口及各层地面以下的排水口,可用短管临时接至地面上,地下管道甩口和横管末端甩出的清扫口,应及时加以封闭。用胶管从检查口向管道内进行灌水,观察卫生器具的水位。坐蹲式大便器灌水量应至控制水位;洗脸盆灌水量应至溢水处;地漏灌水时水面高于地表面5 mm以上,地漏边缘不得渗水。在灌水试验过程中,应设专人检查,如发现漏水处应立即停止灌水,对漏水部位进行及时修复。灌水试验完成后,应记录水面位置及停水时间。

1. 建筑给水排水系统按用途可分为哪几类？

2. 建筑给水系统由哪几部分组成？

3. 建筑排水系统由哪几部分组成？

4. 建筑给水系统有几种供水方式？分别适用于什么条件？

5. 建筑给水排水系统的常用管材及附件有哪些？

6. 常见卫生器具按用途可分为哪几类？

7. 建筑室内消火栓灭火系统一般由哪几部分组成？

8. 简述自动喷水灭火系统的工作原理。

9. 自动喷水灭火系统是如何分类的？

10. 建筑给水管道的敷设要求有哪些？

11. 建筑排水管道的敷设要求有哪些？

12. 建筑给水排水施工图一般由哪几部分组成？

项目 2

室内热水供应系统与燃气管道系统的安装

　　热水供应系统是住宅、旅馆、医院、公共浴室、洗衣房和车间等建筑物必须设置的系统,旨在满足人们日常生活、卫生医疗及生产的需要。

　　热水供应系统中,管道的结垢和腐蚀是两个比较普遍的问题,会影响其使用寿命和增加维修费用。防止热水管道腐蚀可以采取减少水中的溶解氧和选用防腐管道等措施,因此在工程设计时应考虑设计排气装置和选用铜管。结垢的原因很多,但水的硬度和水温是主要原因。因此,根据我国《建筑给水排水设计规范》(GB 50015—2003),热水供应系统的水质必须符合《生活饮用水卫生标准》,对于集中的热水供应系统加热前是否需要软化处理,应根据水质、水量、使用要求等因素进行技术经济比较确定。一般情况下,热水供应系统按 65 ℃ 水温计算,水量较小,如用水量小于 $10 \mathrm{~m}^3$ 时可不进行软化处理。如果经过实践证明,该地区使用磁化器软化水有效时,可在水加热器或锅炉冷水进水管上安装磁水器。

　　城市民用和工业用燃气是由几种气体组成的混合气体,包括可燃气体和不可燃气体。可燃气体包括碳氢化合物、氢气、一氧化碳;不可燃气体包括二氧化碳、氮气和氧气等。燃气种类很多,城市燃气主要有人工煤气、液化石油气和天然气。

　　城市燃气的供应目前有两种方式:一种是瓶装供应,适用于液化石油气,且距气源地不远,运输方便的城市;另一种是管道输送,可以输送液化石油气,也可以输送人工煤气和天然气。

任务 1　室内热水供应系统的安装

　　建筑内部热水供应系统是为满足人们生产生活过程中对水温的特定要求,由管道及辅助设备组成的输送热水的网络。

一、室内热水供应系统的分类及组成

1. 室内热水供应系统的分类

按热水供水范围的大小,可分为局部热水供应系统、集中热水供应系统和区域热水供应系统。

1）局部热水供应系统

供水范围小,热水分散制备,靠近用水点设置小型加热设备供一个或几个配水点使用,热水管路较短,热损失较少;适用于使用要求不高、用水点少而分散的建筑和车间。

2）集中热水供应系统

供水范围大,热水集中制备,用管道输送到各配水点。一般在建筑内设专用锅炉房或热交换器将水集中加热后通过热水管道将水输送到一幢或几幢建筑中。这种系统加热设备集中,管理方便,设备系统复杂,建设投资较高,管路热损失较大,适用于热水用量大、用水点多且分布较集中的建筑。

3）区域热水供应系统

水在热电厂、区域性锅炉房或区域热交换站加热,通过室外热水管网将热水输送至城市街坊、住宅小区等各建筑中。该系统便于集中统一维护管理和热能综合利用,并且取消了分散的小型锅炉房,减少了环境污染,设备、系统复杂,需敷设室外供水和回水管道,基建投资较高,适用于要求供热水的集中区域住宅和大型工业企业。

2. 室内热水供应系统的组成

室内热水供应系统由热媒系统(第一循环系统)、热水供应系统(第二循环系统)和附件组成,如图 2-1 所示。

1）热媒系统

热媒系统由热源、水加热器和热媒管网组成。

由锅炉生产的蒸气(或过热水)通过热媒管网送到水加热器加热冷水,经过热交换后蒸气变成冷凝水,靠余压送到凝结水池,冷凝水和新补充的软化水经过冷凝循环泵送回锅炉加热为蒸气,如此循环完成热交换的传递作用。

2）热水供应系统

热水供应系统由热水配水管网和回水管网组成。

被加热到一定温度的热水,从水加热器出来经配水管网送至各热水配水点,而水加热器的冷水由屋顶的水箱或给水管网补给。为了保证各用水点都有规定水温的热水,在立管和水平管上设回水管,使一定量的热水经过循环水泵流回水加热器以补充管网所损失的热量。

3）附件

热水供应系统附件如图 2-2 所示。

(1)温度自动调节器。热水供应系统控制热水温度,常采用温度自动调节器。

(2)疏水器。疏水器设置在以蒸气为热媒间接加热的凝结管道上。

(3)减压阀。减压阀安装在热媒进管上。当热媒蒸气压力远大于水加热器所需的蒸气压力时,可通过减压阀将压力减到需要值。

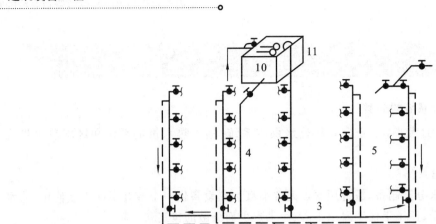

图 2-1　热媒为蒸气的集中热水供应系统

1—锅炉；2—水加热器；3—配水干管；4—配水立管；5—回水立管；6—回水干管；7—循环泵；8—凝结水池；
9—冷凝水泵；10—给水水箱；11—通气管；12—热媒蒸气管；13—凝水管；14—疏水器

（a）管道补偿器

（b）疏水器

（c）膨胀罐

图 2-2　热水供应系统附件

（4）节流阀。节流阀安装在热水供应系统的回水管道上。

（5）膨胀罐。缓冲系统的压力波动。

（6）自动排气阀。排除上行下给式干管中热水散发出来的气体，保证管道系统内热水畅通。

（7）膨胀管和膨胀水箱。吸收工作介质因温度变化增加的那部分体积。

（8）管道补偿器。补偿吸收管道受热或冷凝时的轴向热变形。

二、室内热水供应系统的管网布置与安装

1. 热水供应系统管网布置

1）热水管网的布置

热水管网的布置可采用下行上给式或上行下给式。配水干管敷设在建筑物上部,自上而下地供应热水,称为上行下给式。配水干管敷设在建筑物下部,自下而上地供应热水,称为下行上给式。为使整个热水供应系统的水温均匀,可按同程式来进行管网布置。

高层建筑热水供应系统应与冷水给水系统一样采取竖向分区,这样才能保证系统内的冷、热水压力平衡,便于调节冷、热水混合龙头的出水温度,且要求各区的水加热器和贮水器的进水均应由同区的给水系统供应。若需减压,则减压的条件和采取的具体措施与高层建筑冷水给水系统相同。

2）热水管网的敷设

热水管网的敷设,根据建筑的使用要求,可采用明装和暗装两种形式。明装管道尽可能敷设在卫生间、厨房,并沿墙、梁、柱敷设。暗装管道可敷设在管道竖井或预留沟槽内。

3）热水管道的保温与防腐

在热水供应系统中,为了减少介质在输送过程中的热损失,避免降低热水制备、循环流动的热量,提高长期运行的经济性,需对管道和设备进行保温。保温材料的选择要遵循的原则是:导热系数低,具有较高的耐热性,不腐蚀金属,材料密度小并具有一定的孔隙率,低吸水率和具有一定的机械强度,易于施工,就地取材及成本低等。

为了避免氧气、二氧化碳、二氧化硫和硫化氢对热水管网的腐蚀、破坏,可在金属管材和设备外表面涂刷防腐材料,在金属设备内壁及管内加耐腐衬里或涂防腐涂料。常用的防腐材料为油漆,它又分为底漆和面漆。底漆在金属表面打底,具有附着、防水和防锈功能,面漆起耐光、耐水和覆盖作用。

热水管道布置敷设注意事项如下。

（1）立管始端、回水立管末端设阀门。

（2）横管有与水流方向相反的坡度。

（3）横干管应设足够的伸缩器。

（4）热水应低进高出。

（5）在主要管线上装设保温层。

（6）在装设保温层之前考虑管道的防腐问题。

（7）上行下给式配水干管的最高点应设排气装置(自动排气阀、带手动放气阀的集气罐、膨胀水箱)。

（8）上行下给式可将循环管道与各立管连接。

（9）下行上给式配水系统可利用最高配水点放气。

（10）下行上给式设有循环管道时,其回水立管可在最高配水点以下 500 mm 处与配水立管连接。

（11）系统最低点应设泄水装置。

（12）与配水干管和回水干管连接的分干管、配水立管及回水立管、从立管接出的支管、连接3个及3个以上配水点的配水支管上应设置阀门。

（13）水加热器的冷水供水管、机械循环的第二循环回水管、冷热水混合器的冷热水供水管上应设置止回阀。

（14）蒸气立管最低处、蒸气管下凹处宜设疏水器。

2. 热水供应系统管网安装

1）材料

热水供应系统的管道应采用塑料管、复合管、薄壁不锈钢管和铜管。

（1）铜管及管件的规格种类应符合设计要求。铜管表面与内壁均应光洁,无疵孔、裂缝、气孔。管材及管件均应有出厂合格证。

（2）镀锌碳素钢管及管件的规格种类应符合设计要求。管壁内外镀锌均匀,无锈蚀、无飞刺。管件无偏扣、乱扣、丝扣不全或角度不准等现象。管材及管件均应有出厂合格证。

（3）复合管道及管件的规格种类应符合设计要求。管壁厚度均匀,管材无损伤,管道标记明显、清晰。管材及管件均应有出厂合格证。

2）工艺流程

热水供应系统管网安装的工艺流程如图2-3所示。

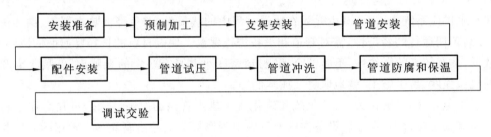

图2-3 热水供应系统管网安装的工艺流程

3）操作方法

（1）安装准备。

复核预留和预埋的位置、尺寸、标高。根据设计图纸画出管路分布的位置、管径、变径、预留口的坐标、标高、坡向,以及支架、吊架、卡件的位置草图,并将测量的尺寸做好记录,注意并列交叉排列管道的最小间距尺寸。

（2）预制加工。

① 根据图纸和现场实际测量的管段尺寸,画出草图,按草图计算管道长度,下料,在管段上画出所需的分段尺寸后,将管道垂直切断,套丝,上管件,调直。

② 除去管道切口内外的卷边、毛刺等。

③ 加工完毕或配管作业临时中止时,必须用堵头将管端封闭好,防止异物进入管内和碰坏丝扣。

④ 将预制加工好的管段调直,按编号放到适当位置,待安装。

（3）支架安装。

① 位置正确,埋设应平整牢固。

② 固定支架与管道接触应紧密,固定应牢靠。

③ 滑动支架应灵活,滑托与滑槽两侧应留有 $3\sim5$ mm 的间隙,纵向移动量应符合设计要求。

④ 有热伸长管道的吊架、吊杆应向热膨胀的反方向偏移。

镀锌钢管、铜管、复合管管道支架的最大距离如表 2-1 至表 2-3 所示。

表 2-1　镀锌钢管管道支架的最大间距

管径/mm		15	20	25	32	40	50	70	80	100	125	150
支架的 最大间距/m	保温管	2	2.5	2.5	2.5	3	3	4	4	4.5	6	7
	不保温管	2.5	3	3.5	4	4.5	5	6	6	6.5	7	8

表 2-2　铜管管道支架的最大间距

管径/mm		15	20	25	32	40	50	65	80	100	125	150	200
支架的 最大间距/m	垂直管	1.8	2.4	2.4	3.0	3.0	3.0	3.5	3.5	3.5	3.5	4.0	4.0
	水平管	1.2	1.8	1.8	2.4	2.4	2.4	3.0	3.0	3.0	3.0	3.5	3.5

表 2-3　复合管管道支架的最大间距

管径/mm			12	14	16	18	20	25	32	40	50	63	75	90	100
支架的 最大 间距/m	立管		0.5	0.6	0.7	0.8	0.9	1.0	1.1	1.3	1.6	1.8	2.0	2.2	2.4
	水平管	冷水管	0.4	0.4	0.5	0.5	0.6	0.7	0.8	0.9	1.0	1.1	1.2	1.35	1.55
		热水管	0.2	0.2	0.25	0.3	0.3	0.35	0.4	0.5	0.6	0.7	0.8		

(4) 管道安装。

按管道的材质可分为铜管安装、镀锌钢管安装、复合管安装。

铜管连接可采用专用接头或焊接,当管径小于 22 mm 时宜采用承插焊接或套管焊接,承口应迎介质流向安装;当管径大于或等于 22 mm 时宜采用对口焊接。

铜管安装常用以下几种连接方式。

卡套式连接:通过拧紧螺母,使配件内套入钢管的鼓形铜圈压缩紧固,从而封堵管道连接处的缝隙。

冷压式连接:将有橡胶密封圈的承口管件用专用工具压紧管口处,起密封和紧固作用。

法兰式连接:铜管通过钎焊黄铜法兰,或加工成翻边形式加钢制活套法兰,形成法兰式接头,由螺栓、螺母实施法兰式连接。

钎焊式连接:利用熔点比铜管低的钎料和铜管一起加热,在铜管不熔化的情况下,钎料熔化后润湿并填充进连接处的缝隙中,形成钎焊缝,钎料和铜管之间相互溶解和扩散,从而牢固结合。

镀锌钢管的安装工艺同室内给水管道。

复合管的安装要求见《低温热水辐射地板采暖安装工艺标准》。

热水管道安装的注意事项如下。

① 管道的穿墙处均按设计要求加好套管及固定支架。安装伸缩器前按规定做好预拉伸,待

管道固定卡件安装完毕后,除去预拉伸的支撑物,调整好坡度,翻身处高点要有排气装置,低点要有泄水装置。

② 冷热水立管安装要求热水管在左,冷水管在右。用水器具的热水预留口要做在明处,加好丝堵。

③ 暗装的热水管道在隐蔽工程检查验收合格后,再进行土建专业施工。

④ 热水立管和装有 3 个或 3 个以上配水点的支管始端,以及阀门后面按水流方向均应设置可装拆的连接件。热水立管每层设管卡,距地面 1.5 m。

⑤ 热水支管安装前核定各用水器具热水预留口高度、位置。当冷热水管或冷热水龙头并行安装时,应符合下列规定。

a.上下平行安装时,热水管在冷水管上方安装。

b.左右平行安装时,热水管在冷水管的左侧安装。

c.在卫生器具上安装冷热水龙头时,热水龙头安装在左侧。

d.冷热水管上下、左右间距设计未要求时,宜为 100~120 mm。

⑥ 热水管道应根据施工图中所注标高进行施工,当未注明时,热水回水管应有不小于 0.003 的坡度,热水管道最高点设排气装置,最低点设泄水装置。

(5)管道试压。

热水管道试压一般分单项试压和系统试压两种。

管道的单项试压宜分段进行,压力表应安装在试验管段的最低处,充满水后进行加压,升压采用电动打压泵,升压时间不应小于 10 min,亦不应大于 15 min。当压力升到设计规定试验值时停止加压(若设计未注明,试验压力应为工作压力的 1.5 倍),进行检查,接口、阀门等如无渗漏,持续观测 10 min,观察其压力降不大于 0.02 MPa,然后将压力降至工作压力检查,压力保持不变且无渗漏现象为合格。

复合管道的单项试压:待管道熔合面连接牢固后,立即按照设计和规范的要求进行压力试验,试验压力为工作压力的 1.5 倍,但不得小于 0.6 MPa,稳压 1 h,压力降不大于 0.05 MPa 为合格。待系统安装完毕后,进行系统压力试验。

系统水压试验的方法和步骤应符合下列规定。

① 管网注水点应设在管段的最低处,由低向高将各个用水管末端封堵,关闭入口总阀门和所有泄水阀门,打开各分路及主管阀门,水压试验时不连接配水器具,注水时打开系统排气阀,排净空气后将其关闭。

② 充满水后进行加压,升压采用电动打压泵,升压时间不应小于 10 min,亦不应大于 15 min。当设计未注明时,热水供应系统水压试验压力应为系统顶点的工作压力加 0.1 MPa,同时,系统顶点的试验压力不应小于 0.3 MPa。

③ 当压力升到设计规定试验值时停止加压,进行检查,接口、阀门等如无渗漏,持续观测 10 min,观察其压力降不大于 0.02 MPa,然后将压力降至工作压力检查,压力保持不变且无渗漏现象为合格。检查全部系统,如有漏水,则应在该处做好标记,进行修理,修好后再充满水进行试压,试压合格后由有关人员验收签认,办理相关手续。对起伏较大和管线较长的试验管段,可在管段最高处进行 2~3 次充水排气,确保充分排气。

④ 水压试验合格后把水泄净,管道做好防腐保温处理,再进行隐蔽工作,将管端与配水件接通,并以管网的设计工作压力供水,将配水件分批开启,各配水点的出水应畅通。

（6）管道冲洗。

热水管道在系统运行前必须进行冲洗。热水管道试压完成后即可进行冲洗，冲洗应用自来水连续进行，要求以系统最大设计流量或不小于 1.5 m/s 的流速进行冲洗，直到出水口的水色和透明度与进水口目测一致为合格。冲洗洁净后办理验收手续。

（7）调试交验。

① 检查热水系统阀门是否全部打开。

② 开启热水系统的加压设备向各个配水点送水，高点放气阀反复开闭几次，将系统中的空气排净。检查热水系统全部管道及阀件有无渗漏、热水管道的保温质量等，遇有问题处应先查明原因，解决后再按照上述程序运行。

③ 开启系统各个配水点，检查通水情况，记录热水系统的供、回水温度及压差，待系统正常运行后，做好系统试运行记录，办理交工验收手续。

任务 2 室内燃气管道系统的安装

燃气管道成品的保护措施如下。

（1）安装好的管道不得用作支撑或放脚手板，不得踏压，其支、托、卡架不得作为其他用途的受力点。

（2）中断施工时，管口一定要加以临时封闭。

（3）管道在喷浆前要加以保护，防止灰浆污染管道。

（4）截门的手轮在安装时应卸下，交工前统一安装完好。

（5）煤气表应有保护措施，为防止损坏，可统一在交工前装好。

（6）已装饰完的房间，如需动用气焊时，对墙面、地面应用铁皮遮挡，以防污染。

燃气是以可燃气体为主要组分的混合气体燃料，主要有人工煤气（简称煤气）、天然气和液化石油气。

人工煤气是煤、重油等矿物燃料通过热加工而得到的，通常使用的有干馏煤气和重油裂解气。

天然气是从地下直接开采出来的可燃气体。天然气一般可分为 4 种：从气井开采出来的气田气，或称纯天然气；伴随石油一起开采出来的石油气，也称石油伴生气；含石油轻质馏分的凝析气田气；从井下煤层抽出的煤矿矿井气。

液化石油气是在石油进行加工处理过程中作为副产品而获得的一部分氢碳化合物。液化石油气是多种气体的混合物，其中主要是丙烷、丙烯、丁烷和丁烯，它们在常温常压下呈气态，当压力升高或温度降低时很容易转变为液态，便于储存和运输。

一、室内燃气管道系统的组成

室内燃气管道系统由用户引入管、水平干管、立管、套管、用户支管、燃气灶具连接管和燃气灶等组成,如图 2-4 所示。

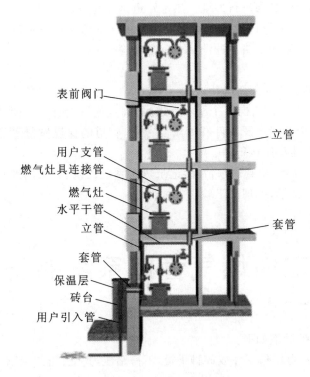

图 2-4　室内燃气管道系统

1. 用户引入管

用户引入管与城市或庭院低压分配管道连接,在分支管处设阀门。输送湿燃气的引入管一般由地下引入室内,当采取防冻措施时也可由地上引入。输送湿燃气的引入管应有不小于 1% 的坡度坡向室外管道。当在非采暖地区输送干燃气,且引入管管径不大于 75 mm 时,可由地上引入室内。

引入管应直接引入用气房间(如厨房),不得敷设在卧室、浴室、厕所、仓库、有腐蚀性介质的房间、变配电室、电缆沟及风(烟)道内。

燃气引入管最小直径:人工煤气和矿井气不得小于 25 mm,天然气不得小于 20 mm,气态液化石油气不得小于 15 mm。

引入管穿过建筑物基础时,应设置在套管中,考虑建筑物沉降,当引入管穿越房屋基础或管沟时,应预留孔洞,并加套管。套管应比引入管大 2 号。穿墙套管尺寸可按表 2-4 选用。间隙用油麻、沥青或环氧树脂填塞,管顶间隙不小于建筑物最大沉降量,具体做法如图 2-5 所示。当引入管沿外墙翻身引入时,其室外部分应采取适当的防腐、保温和保护措施,具体做法如图 2-6所示。

表 2-4　穿墙套管尺寸(单位:mm)

燃气管公称直径 DN	15	20	25	32	40	50	70
套管公称直径 DN	32	40	50	50	70	80	100

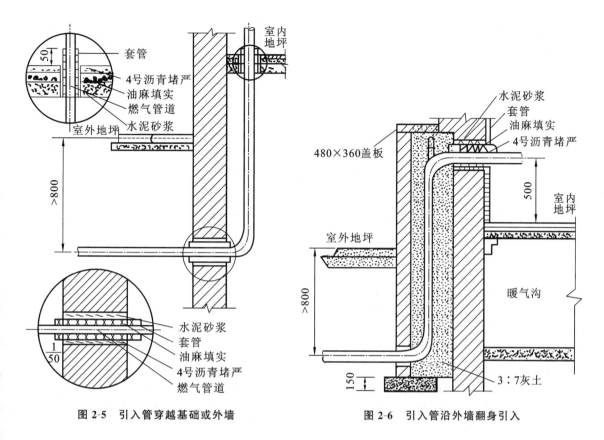

图 2-5　引入管穿越基础或外墙　　　　图 2-6　引入管沿外墙翻身引入

2. 水平干管

引入管连接多根立管时,应设水平干管。水平干管可沿楼梯间或辅助间的墙壁敷设,不宜穿过建筑物的沉降缝,不得暗设于地下土层或地面混凝土层内。管道经过的楼梯和房间应通风良好。

3. 立管

立管是将燃气由水平干管(或引入管)分送到各层的管道。立管宜明装。

立管一般敷设在厨房、走廊或楼梯间内。每一立管的顶端和底端设丝堵三通,其直径不小于 25 mm。当由地下室引入时,立管在第一层应设阀门。阀门应设于室内,对于重要用户,应在室外另设阀门。

立管在一幢建筑中一般不改变直径,直通上面各层。

4. 套管

立管通过各层楼板处应设套管。套管高出地面至少 50 mm,套管与立管之间的间隙用麻油填堵,沥青封口。

5. 用户支管

由立管引向各单独用户计量表及燃气用具的管道为用户支管。支管穿墙时也应有套管保护。

室内燃气管道一般宜明装。当建筑物或工艺有特殊要求时,也可以采用暗装,但必须敷设在有人孔的闷顶或有活盖的墙槽内,以便安装和检修,暗装部分不宜有接头。

二、室内燃气管道系统的安装

1. 材料

燃气输配工程使用的管子、管件、密封填料等附属材料应符合国家现行有关标准。管子、管件及附属材料应有出厂合格证,到现场还应进行复验。

镀锌碳素钢管及管件的规格种类应符合设计要求。管壁内外镀锌均匀,无锈蚀、无飞刺。管件无偏扣、乱扣、丝扣不全或角度不准等现象。管材及管件均应有出厂合格证。室内煤气管道安装应尽量使用镀锌碳素钢管及管件。对于碳素钢管、无缝钢管,其管材不得弯曲、锈蚀,无飞刺、重皮及凹凸不平现象。阀门应选用现行国家标准中适用于输送燃气介质,并且具有良好密封性和耐腐蚀性的阀门。胶管应采用耐油纯胶管。

2. 操作工艺

1) 工艺流程。

安装准备→预制加工→干管安装→立管安装→支管安装→气表安装→管道试压→管道吹洗→防腐、刷油。

(1) 安装准备。

认真熟悉图纸,根据施工方案决定的施工方法和技术交底的具体措施做好准备工作。参看有关专业设备图和装修建筑图,核对各种管道的坐标、标高是否有交叉,管道排列所用空间是否合理。有问题及时与设计和有关人员研究解决,做好变更洽商记录。配合土建施工进度,预留槽洞及安装预埋件和套管。

(2) 预制加工。

按设计图纸画出管道分路、管径、变径、预留管口,阀门位置等施工草图,在实际安装的结构位置做上标记,按标记分段量出实际安装的准确尺寸,记录在施工草图上,然后按草图测得的尺寸预制加工(断管、套丝、上零件、调直、校对,按管段分组编号)。

(3) 干管安装。

① 按施工草图,进行管段的预制加工,包括断管、套丝、上零件、调直,核对好尺寸,按系统分组编号,码放整齐。

② 安装卡架,按设计要求或规范规定间距安装。吊卡安装时,先把吊棍按坡向、顺序依次穿在型钢支架上,吊环按间距位置套在管上,再把管抬起穿上螺栓、拧上螺母,将管固定。安装托架上的管道时,先把管就位在托架上,把第一节管装好 U 形卡,然后安装第二节管,以后各节管均照此进行,紧固好螺栓。

③ 燃气引入管安装应符合下列要求。

引入管的公称直径不得小于 40 mm,引入管坡度不得小于 0.003,坡向干管,引入管应采用壁厚不小于 3.5 mm 的无缝钢管。距建筑物外墙 1 m 以内的地下管及套管内不许有接头,弯管处用撼弯处理。

一般引入管遇暖气沟时,从室外地下引入室内,管材采用无缝钢管整管撼弯,做加强防腐层,穿墙管加钢管套。室外管顶加焊一丝堵或做成三通丝堵,室外管砌砖台内外抹灰保护,内填充膨胀珍珠岩保温,顶上加盖板。

④ 引入管进气口无暖沟或其他障碍时,由室外地下直接引入室内,管材采用无缝钢管整管揻弯,做加强防腐层,穿墙及穿地面时均加钢管套,穿墙套管出内外墙面 50 mm,下面与结构底板平齐。

⑤ 干管安装应从引入管后或分支路管开始,装管前要检查管腔并清理干净。在丝头处涂好铅油缠好麻或缠好聚四氟乙烯填料带,一人在末端扶平管道,一人在接口处把管相对固定对准丝扣,慢慢转动入扣,用一把管钳咬住前节管件,用另一把管钳转动管至松紧适度,对准调直时的标记,丝扣外露 2~3 扣,并清掉麻头,以此方法装完为止(管道穿过伸缩缝或过沟处,必须先穿好钢管套)。

⑥ 室内水平管敷设在楼梯间或外走廊时,距室内地面不小于 2.2 mm,距顶棚不小于 0.15 m。水平管应保持 0.001~0.003 的坡度,其坡向要求为:由煤气表分别坡向管道和燃具。

⑦ 室内管道穿墙或楼板时,应置于套管中,套管内不得有接头。穿墙套管的长度应与墙的两侧平齐,穿楼板套管上部应高出楼板 30~50 mm,下部与楼板平齐。

⑧ 管道固定一般用角钢 U 形卡,其间距应符合表 2-5 的规定。

表 2-5　煤气管卡间距

煤气管管径/mm	水平管道/m	垂直管道/m
DN25	2.0	3.0
DN32~DN50	3.0	4.0

煤气立管至少加设 1 个固定卡子,在灶前下垂管上至少设 1 个卡子,如下垂管有旋塞阀,可设 2 个卡子。

⑨ 采用焊接钢管焊接,先把管子选好调直,清理好管腔,将管道运到安装地点,安装程序从第一节开始;把管子就位找正,对准管口使预留口方向准确,找直后用点焊固定(管径不大于 50 mm 时点焊 2 点,管径不小于 70 mm 时点焊 3 点),然后按照焊接要求施焊,焊完后应保证管道正直。

⑩ 管道安装完毕,检查坐标、标高、预留口位置和管道变径等是否正确,然后找直,用水平尺校对复核坡度,调整合格后再调整吊卡螺栓 U 形卡,使其松紧适度,平正一致。摆正或安装好管道穿结构处的套管,填堵管洞口,预留口处应加好临时管堵。

(4)立管安装。

① 核对各层预留孔洞位置是否垂直,吊线、剔眼、栽卡子。将预制好的管道按编号顺序运到安装地点。

② 安装前先卸下阀门盖,有钢管套的先穿到管上,按编号从第一节开始安装。涂铅油缠麻,将立管对准接口转动入扣,一把管钳咬住管件,一把管钳拧管,拧到松紧适度,对准调直时的标记,丝扣外露 2~3 扣,并清掉麻头。

③ 检查立管的每个预留口标高、方向等是否准确、平正。将事先栽好的管卡子松开,把管放入卡内拧紧螺栓,用吊杆、线坠从第一节开始找好垂直度,扶正钢套管,最后配合土建填堵好孔洞,预留口必须加好临时丝堵。立管截门安装朝向应便于操作和修理。

④ 燃气立管一般敷设在厨房内或楼梯间。当室内立管管径不大于 50 mm 时,一般每隔一层楼装设一个活接头,位置距地面不小于 1.2 m。遇有阀门时,必须装设活接头,活接头的位置应设在阀门后边。管径不小于 50 mm 的管道上可不设活接头。

（5）支管安装。

① 检查煤气表安装位置及立管预留口是否正确。量出支管尺寸和灯差弯的大小。

② 安装主管,按量出支管的尺寸,减去灯差弯的量,然后断管、套丝、煨灯差弯和调直。将灯差弯或短管两头抹铅油缠麻,装好油任,连接煤气表,把麻头清净。

③ 用钢尺、水平尺、线坠校对支管的坡度和平行距墙尺寸,并复查立管及煤气表有无移动,合格后用支管替换下煤气表。按设计或规范规定压力进行系统试压及吹洗,吹洗合格后在交工前拆下连接管,安装煤气表。合格后办理验收手续。

（6）管道试压。

管道应进行耐压和严密度两种试验,试验介质为压缩空气或氮气(试验温度应为常温)。

住宅耐压试验管段为自进气管总阀门至每个接灶管旋塞阀之间的管段。试验时不包括煤气表,装表处应用短管将管道暂时先连通。严密度试验需在上述范围内增加所有灶具设备。

管道系统打压至 0.1 MPa 后,用肥皂水检查焊缝和接头处,无渗漏,同时压力也未急剧下降为合格。

住宅严密度试验:管道系统内不装煤气表时,打压至 700 mmH$_2$O(1 mmH$_2$O＝9.8 Pa)后,观察 10 min,压力降不超过 20 mmH$_2$O 为合格;管道系统内装有煤气表时,打压至 300 mmH$_2$O,观察 5 min,压力降不超过 20 mmH$_2$O 为合格。

（7）防腐、刷油。

室外管道的防腐处理,应根据管道敷设地点的土质对管道腐蚀的程度、管道使用的重要程度而选用不同的绝缘层。在管道穿过有杂散电流地区时,应采取措施,保证管道的良好使用。一般采用石油沥青防腐层。

1. 按热水供水范围的大小,可将室内热水供应系统分为哪几类？

2. 室内热水供应系统的组成部分有哪些？

3. 热水管网布置的方式有哪些？

4. 热水管网敷设的方式有哪些？

5. 简述热水管网安装的工艺流程。

6. 铜管的连接方法有哪些？

7. 当冷热水管或冷热水龙头并行安装时,应注意哪些事项？

8. 室内燃气管道系统由哪些部分组成？

9. 当引入管穿过建筑物基础时,在相应部位要采取什么样的措施？

10. 室内煤气管道应进行哪些方面的试验？试验的介质是什么？

11. 当室内水平管敷设在楼梯间或外走廊时,敷设要求是什么？

项目 3

采暖系统的安装

在冬季,北方的室外温度大大低于室内温度,因此房间里的热量不断地传向室外,为了保持人们日常生活、工作所需要的环境温度,就必须设置建筑采暖系统向室内供给相应的热量。

建筑采暖是由室外的热源将生产的热媒通过采暖管道送至建筑物内设置的散热器。合适的供暖方式、热媒种类、散热器的散热效果、管材的耐压腐蚀性、正确合理的坡向和坡度、膨胀水箱、集气装置等设备的性能,是保证采暖效果的基础。

正确识读采暖施工图是本项目的学习目标,掌握采暖施工图的主要内容及识读要领,能将采暖施工图按要求应用到相关工程中。

任务 1 热水采暖系统

目前,随着我国的现代化建设和人民的生活水平不断提高,舒适的建筑热环境已然成为人们生活和工作的需要,尤其是在冬天,室外温度低于室内温度,室外的冷空气通过各种渠道侵入房间,使人们感到寒冷,为了维持室内所需的空气温度,必须向室内供给相应的热量。热量的供应必须依靠采暖系统,而热水采暖系统是目前广泛使用的一种采暖系统,适用于民用建筑与工业建筑。

一、热水采暖系统的分类及组成

1. 热水采暖系统的分类

热水采暖系统主要有 4 种分类方法。

(1) 按热水供暖循环动力的不同,可分为自然循环系统和机械循环系统。热水采暖系统中的水如果是靠供、回水温度差产生的压力循环流动的,称为自然循环热水采暖系统;系统中的水若是靠水泵强制循环的,称为机械循环热水采暖系统。

(2)按供、回水方式的不同,可分为单管系统和双管系统。热水经立管或水平供水管依次通过多组散热器,并依次在各散热器中冷却的系统,称为单管系统。热水经供水立管或水平供水管平行地分配给多组散热器,冷却后的回水自每个散热器直接沿回水立管或水平回水管流回热源的系统,称为双管系统。

(3)按系统管道敷设方式的不同,可分为垂直式系统和水平式系统。

(4)按热媒温度的不同,可分为低温水供暖系统和高温水供暖系统。

2.热水采暖系统的组成

热水采暖系统由热源、管道系统和散热设备3部分组成。

(1)热源是指使燃料产生热能并将热媒加热的部分。

(2)采暖管道系统是指热源和散热设备之间的管道。热媒通过管道系统将热能从热源输送到散热设备。

(3)散热设备是将热量散入室内的设备,如散热器、暖风机和敷设板等。

二、自然循环热水采暖系统

自然循环热水采暖系统是用采暖建筑物室内部分的上行热水干管的散热来冷凝自汽化蒸气的,热水炉出口立管的高度不能超过上行热水干管,如图 3-1 所示。由于上行热水干管的散热能力和高度的限制,不能产生和冷凝太多的蒸气,因此该系统仅适用于循环水量不大、上行热水干管较高的情况。这种自然冷凝的方法限制了供热能力和循环压头的提高,为解决这一问题,可采用回水冷凝法。如图 3-2 所示是一个最简单的例子,在上行热水干管上增设了一个回水冷凝套管,用回水将汽化的蒸气冷凝。立管高度可按需要适当提高;在回水冷凝套管之后的上行热水干管可以引下来与回水干管布置在一起。这样不但提高了冷凝蒸气的能力,还回收了蒸气的热量,提高了热效率和供热能力,而且使得热网的敷设更加方便。

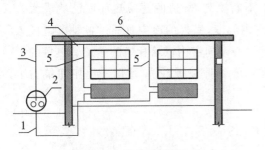

图 3-1 自然冷凝法

1—回水管;2—热水炉;3—出口立管;

4—上行热水干管;5—热用户立管;6—热用户

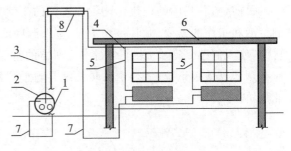

图 3-2 回水冷凝法

1—热水炉;2—气空间;3—出口立管;

4—上行热水干管;5—热用户立管;6—热用户;

7—回水管;8—回水冷凝套管

三、机械循环热水采暖系统

对于管路较长、建筑面积和热负荷都较大的建筑物,则要采用机械循环热水采暖系统。在机械循环热水采暖系统中,设置水泵为系统提供循环动力。由于水泵的作用压力大,使得机械循环热水采暖系统的供暖范围扩大了很多,可以负担单幢、多幢建筑的供暖,甚至还可以负担区域范围内的供暖,这是自然循环热水采暖系统所不能及的。机械循环热水采暖系统目前已经成为应用最为广泛的供暖系统。

1. 机械循环双管上供下回式热水采暖系统

如图 3-3 所示,机械循环热水采暖系统除膨胀水箱的连接位置与自然循环热水采暖系统不同外,还增加了循环水泵和排气装置。机械循环双管上供下回式热水采暖系统的供水干管设在系统的顶部,回水干管设在系统的下部,一般设在地沟内,散热器的供水管和回水管分别设置,每组散热器都能组成一个循环环路,每组散热器的供水温度基本是一致的,各组散热器可自行调节热媒流量,互相不受影响。

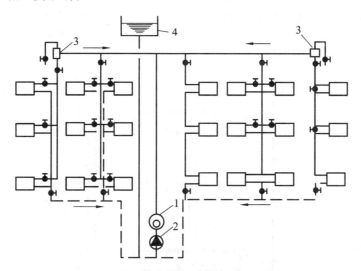

图 3-3 机械循环双管上供下回式热水采暖系统
1—锅炉;2—水泵;3—集气罐;4—膨胀水箱

在机械循环热水采暖系统中,水流速度较高,供水干管应按水流方向设上升坡度,使气泡随水流方向流动汇集到系统的最高点,通过在最高点设置排气装置,将气泡排出系统。回水干管的坡向与自然循环热水采暖系统的相同,坡度宜为 0.003。

在机械循环双管上供下回式热水采暖系统中,热水的循环主要依靠水泵的作用压力,同时也存在着自然作用压力,各层散热器与锅炉间形成独立的循环,因而从上层到下层,散热器中心与锅炉中心的高差逐层减小,各层循环压力也出现由大到小的现象,上层作用压力大,流经散热器的流量多,下层作用压力小,流经散热器的流量少,因而造成上热下冷的"垂直失调"现象,楼层越多,失调现象越严重。因此,机械循环双管上供下回式热水采暖系统不宜在四层以上的建筑物中采用。

2. 机械循环单管上供下回式热水采暖系统

机械循环单管上供下回式热水采暖系统(简称单管系统)的散热器的供、回水立管共用一根管,立管上的散热器串联起来构成一个循环环路,如图 3-3 所示。从上到下,各楼层散热器的进水温度不同,温度依次降低,每组散热器的热媒流量不能单独调节。为了克服单管系统不能单独调节热媒流量,且下层散热器热媒入口温度过低的弊端,又产生了单管跨越式系统,热水在散热器前分成两部分,一部分流入散热器,另一部分流入跨越管内。

对于单管系统来说,由于各层的冷却中心串联在一个循环管路上,从上而下逐渐冷却过程所产生的压力可以叠加在一起形成一个总压力,因此单管系统不存在双管系统的垂直失调问题。即使最底层散热器低于锅炉中心,也可以使水循环流动。由于下层散热器入口的热媒温度低,下层散热器的面积比上层要大。在多层和高层建筑中,宜用单管系统。

3. 机械循环双管下供下回式热水采暖系统

机械循环双管下供下回式热水采暖系统如图 3-4 所示。该系统一般适用于顶层难以布设干管的场合以及有地下室的建筑。当无地下室时,供、回水干管一般敷设在底层地沟内。与上供下回式热水采暖系统比较,该系统由于供水干管和回水干管均敷设在地沟或地下室内,因此管道保温效果好,热损失少。系统的供、回水干管都敷设在底层散热器下面,故系统内空气的排除较为困难,排气方法主要有两种:一种是通过顶层散热器的冷风阀,手动分散排气;另一种是通过专设的空气管,手动或集中自动排气。

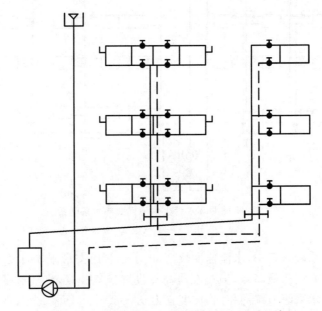

图 3-4 机械循环双管下供下回式热水采暖系统

4. 机械循环中供式热水采暖系统

机械循环中供式热水采暖系统(简称中供式系统)如图 3-5 所示。水平供水干管敷设在系统的中部,上部系统可用上供下回式,也可用下供下回式,下部系统则用上供下回式。中供式系统减轻了上供下回式热水采暖系统楼层过多而易出现垂直失调的现象,同时可避免顶层梁底高度过低导致供水干管挡住顶层窗户而妨碍其开启。中供式系统可用于加建楼层的原有建筑物。

5．机械循环下供上回式热水采暖系统

机械循环下供上回式热水采暖系统如图3-6所示。该系统的供水干管设在所有散热器的上面,回水干管设在所有散热器的下面,膨胀水箱连接在回水干管上。回水经膨胀水箱流回锅炉房,再被循环水泵送入锅炉。这种系统具有以下优点。

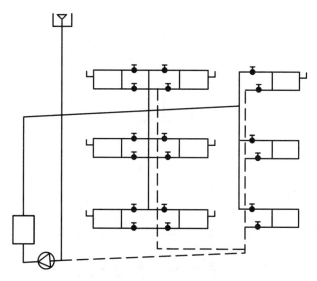

图 3-5　机械循环中供式热水采暖系统　　　图 3-6　机械循环下供上回式热水采暖系统
　　　　　　　　　　　　　　　　　　　　　1—水泵;2—止回阀;3—水箱

（1）水在系统内的流动方向是自下而上,与空气流动方向一致,可通过膨胀水箱排除空气,无须设置排气装置。

（2）对于热损失大的底层房间,由于底层供水温度高,底层散热器的面积减小,便于布置。

（3）当采用高温水采暖系统时,由于供水干管设在底层,这样可降低防止高温水汽化所需的水箱标高,减少布置高架水箱的困难。

（4）供水干管在下部,回水干管在上部,无效热损失小。

这种系统的缺点是散热器的放热系数比上供下回式热水采暖系统的低,散热器的平均温度几乎等于散热器的出口温度,这样就增加了散热器的面积。但用于高温水供暖时,这一特点却有利于满足散热器表面温度不致过高的卫生要求。

6．机械循环上供中回式热水采暖系统

机械循环上供中回式热水采暖系统可将回水干管设置在一层顶板下或楼层夹层中,可省去地沟,如图3-7所示。安装时,应在立管下端设泄水丝堵,以方便泄水及排放管道中的杂物。回水干管末端需设置自动排气阀或其他排气装置。

7．机械循环水平串联式热水采暖系统

机械循环水平串联式热水采暖系统如图3-8所示。按照供水管与散热器的连接方式可分为顺流式和跨越式两种,这两种方式在机械循环和自然循环热水采暖系统中都可以使用。这种系统的优点是:系统简洁,安装简单,少穿楼板,施工方便;系统的总造价较垂直式的低;对各层有不同使用功能和不同温度要求的建筑物,便于分层调节和管理。

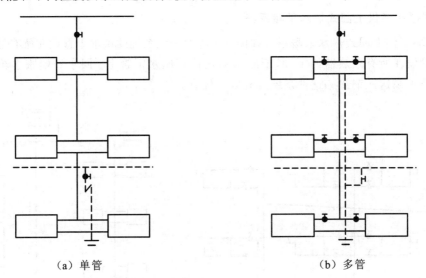

（a）单管　　　　　　　　　　　　　　（b）多管

图 3-7　机械循环上供中回式热水采暖系统

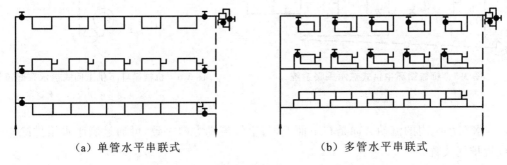

（a）单管水平串联式　　　　　　　（b）多管水平串联式

图 3-8　机械循环水平串联式热水采暖系统

单管水平串联式系统串联很多散热器时,运行中易出现前端过热、末端过冷的水平失调现象。一般每个环路的散热器组以 8～12 组为宜。

8. 机械循环异程式与同程式热水采暖系统

在供暖系统的供、回水干管布置上,通过各个立管的循环环路的总长度不相等的布置形式称为异程式,而通过各个立管的循环环路的总长度相等的布置形式则称为同程式。

在机械循环热水采暖系统中,由于作用半径较大,连接立管较多,异程式系统各立管循环环路长短不一,各个立管环路和压力损失较难平衡,因此会出现近处立管流量超过要求,而远处立管流量不足的情况。在远、近立管处出现流量失调而引起在水平方向冷热不均的现象,称为系统的水平失调。

为了消除或减轻系统的水平失调,可采用同程式系统。通过最近立管的循环环路与通过最远立管的循环环路的总长度相等,因而压力损失易于平衡。由于同程式系统具有上述优点,在较大的建筑物中,常采用同程式系统,但其管道的消耗量要多于异程式系统。

9. 机械循环分户计量热水采暖系统

对于新建住宅热水集中采暖系统,应设置分户热计量和室温控制装置,实行供热计量收费。

分户热计量是以户(套)为单位进行采暖热量的计量,每户需安装热量表和散热器温控阀。

1) 上供上回式系统

如图 3-9(a)所示,这种系统适用于旧房改造工程。供、回水管道均设于系统上方,管材用量多,且供、回水管道设在室内,影响美观,但能单独控制某组散热器,有利于节能。

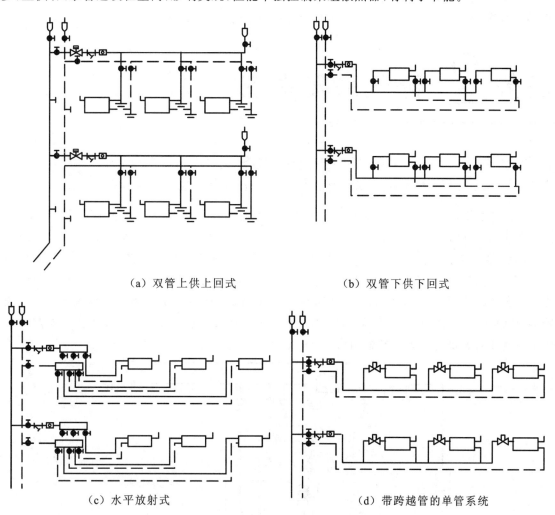

(a) 双管上供上回式   (b) 双管下供下回式

(c) 水平放射式   (d) 带跨越管的单管系统

图 3-9 机械循环分户计量热水采暖系统

2) 下供下回式系统

如图 3-9(b)所示,这种系统适用于新建住宅,供、回水干管埋设在地面层内,但由于暗埋在地面层内的管道有接头,一旦漏水,维修复杂。

3) 水平放射式系统

如图 3-9(c)所示,这种系统可用于新建住宅,供、回水管均暗埋于地面层内,暗埋管道没有接头。但管材用量大,且需设置分水器和集水器。

4) 带跨越管的单管系统

如图 3-9(d)所示,这种系统可用于新建住宅,干管暗埋于地面层内,系统简单,但需加散热器温控阀。

5）低温热水辐射系统

低温热水辐射系统具有节能、卫生、舒适、不占室内面积等特点,近年来在国内发展迅速。低温热水辐射采暖一般是指加热管埋设在建筑构件内的采暖形式,有墙壁式、顶棚式和地板式 3 种。目前我国主要采用的是地板式,称为低温热水地板辐射采暖。低温热水地板辐射采暖的供、回水温差应不大于 10 ℃,民用建筑的供水温度不应超过 60 ℃。

任务 2 蒸气采暖系统

一、蒸气采暖系统的原理与分类

城市集中供热系统中用水为供热介质,以蒸气的形态,从热源携带热量,经过热网送至用户。靠蒸气本身的压力输送,每公里压降约为 0.1 MPa,中国热电厂所供蒸气的压力多为 0.8 ~ 1.3 MPa,供汽距离一般为 3 ~ 4 km。蒸气供热易满足多种工艺生产用热的需要;蒸气的比重小,在高层建筑中不致产生过大的静压力;在管道中的流速比水大,一般为 25 ~ 40 m/s;供热系统易于迅速启动;在换热设备中传热效率较高。但蒸气在输送和使用过程中热能及热介质损失较多,热源所需补给水不仅量大,而且水质要求也比热水采暖系统补给水的要求高。如图 3-10 所示为蒸气锅炉和蒸气-水加热器网络。

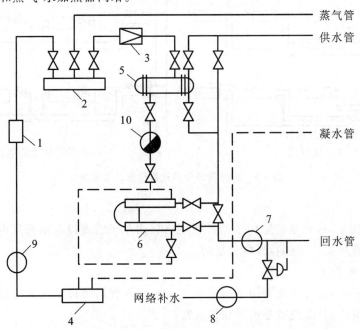

图 3-10　蒸气锅炉和蒸气-水加热器网络

1—蒸气锅炉;2—分汽缸;3—减压阀;4—凝结水箱;5—蒸气-水加热器;6—凝结水冷却器;

7—热水网路循环水泵;8—热水系统补给水泵;9—锅炉给水泵;10—疏水器

1. 蒸气采暖系统节能技术简介

蒸气采暖系统节能技术主要由 2 个关键产品所组成。

(1) 凝结水回收器,适用于电力、化工、石油、冶金、机械、建材、交通运输、轻工、纺织、橡胶等工业部门及宾馆、医院、商场、写字楼等单位的蒸气锅炉实现高温凝结水和二次蒸气回收利用,也适用于蒸气采暖和中央空调溴化锂制冷系统。

(2) 低位热力除氧器,适用于蒸气锅炉和热水锅炉高标准除氧。

2. 蒸气采暖系统节能技术主要内容

1) 基本原理

(1) 凝结水回收器具有 5 个创造性:除污装置、自动调压装置、汽蚀消除装置、水泵最佳流态和自控。在保证正常回水的情况下,适当提高调压装置的特制阀门压力,一是有利于闪蒸蒸气在容器内的二次凝结,回收二次蒸气;二是二次蒸气向水面施压,保证水泵防汽蚀必需的正压水头;三是形成闭式压力系统,保证设备及管道内无氧腐蚀。

(2) 低位热力除氧器,第一级,形成数个“圆锥形水膜裙”与上升的蒸气产生强烈的热交换,氧气基本被除净;第二级,篦栅和网波填层除氧,当进水条件差(水温低、含氧多、水量波幅大)时,除氧器仍正常工作;第三级,水箱内再沸腾除氧。

2) 技术关键

(1) 凝结水回收器的自动调压装置和汽蚀消除装置配合应用,有效地解决了水泵汽蚀“泵癌”的世界难题。

(2) 低位热力除氧器充分利用汽蚀消除装置,有效地解决了水泵汽蚀“泵癌”的世界难题。

3. 特点

蒸气作为供暖系统(也称采暖系统)的热媒,应用极为普遍。与热水作为供暖系统的热媒相比,蒸气供暖具有如下一些特点。

(1) 热水在系统散热设备中,靠其温度降低释放出热量,而且热水的相态不发生变化。蒸气在系统散热设备中,靠水蒸气凝结成水放出热量,相态发生了变化。蒸气凝结放出的汽化潜热比水通过有限的温降放出的热量要大得多,因此对同样的热负荷,蒸气供暖时所需的蒸气质量流量要比热水流量少得多。

(2) 热水在封闭的散热设备系统内循环流动,靠其温度降低释放出热量,而且热水的相态不发生变化。但蒸气和凝结水在系统管路内流动时,还会伴随相态变化,靠水蒸气凝结成水放出热量,其状态参数变化比较大。例如,湿饱和蒸气沿管路流动时,由于管壁散热会产生沿途凝水,使输送的蒸气量有所减少,当湿饱和蒸气经过阻力较大的阀门时,蒸气被绝热节流,压力下降,体积膨胀,同时,温度一般要降低,湿饱和蒸气可成为节流后压力下的饱和蒸气或过热蒸气,在这些变化中,蒸气的密度会随着发生较大的变化。又例如,从散热设备流出的饱和凝结水,通过疏水器和凝结水管路时压力下降,沸点改变,凝结水部分重新汽化,形成所谓的“二次蒸气”,以两相流的状态在管路内流动。

(3) 在热水供暖系统中,散热设备内热媒温度为热水和流出散热设备回水的平均温度。蒸气在散热设备中凝结放热,散热设备的热媒温度为该压力下的饱和温度。蒸气供暖系统散热器热媒平均温度一般都高于热水供暖系统。因此,对于同样的热负荷,蒸气供热要比热水供热更节省散热设备的面积。但蒸气供暖系统散热器表面温度高,易烧烤积在散热器上的有机灰尘,产生异味,卫生条件较差。

(4)蒸气供暖系统中的蒸气比容较热水比容大得多。因此,蒸气管道中的流速通常可采用比热水流速高得多的速度。

(5)由于蒸气具有比容大、密度小的特点,因而在高层建筑供暖时,不会像热水供暖那样产生很大的静水压力。此外,蒸气供暖系统的热惰性小,供汽时热得快,停汽时冷得也快,很适宜用于间歇供热的用户。

4．蒸气采暖系统的分类

(1)按照供汽压力的大小,将蒸气供暖分为3类:供汽的表压力高于70 kPa时,称为高压蒸气供暖;供汽的表压力等于或低于70 kPa时,称为低压蒸气供暖;当系统中的压力低于大气压力时,称为真空蒸气供暖。

(2)按照蒸气干管布置的不同,蒸气供暖系统可有上供式、中供式和下供式3种。

(3)按照立管的布置特点,蒸气供暖系统可分为单管式和双管式。目前国内绝大多数蒸气供暖系统都是采用的双管式。

二、低压蒸气采暖系统

1．低压蒸气采暖系统工作原理

如图3-11所示,蒸气锅炉产生的蒸气通过供汽干管、立管及散热设备支管进入散热器,蒸气在散热器中放出热量后变成凝结水,凝结水经疏水器沿凝结水管流回凝结水池,由凝结水泵将凝结水送回锅炉重新加热。

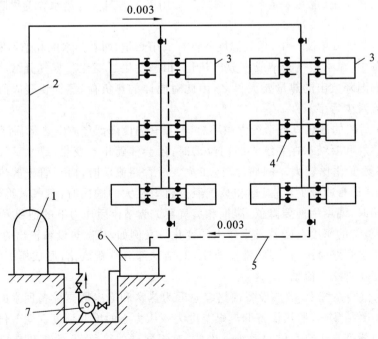

图3-11　低压蒸气采暖系统

1—蒸气锅炉;2—蒸气管道;3—散热器;4—疏水器;5—凝结水管;6—凝结水箱;7—凝结水泵

为使凝结水可以顺利地流回凝结水箱,凝结水箱应设在低处。同时,为了保证凝结水泵正常工作,避免水泵吸入口处压力过低使凝结水汽化,凝结水箱的位置应高于水泵。

为了防止水泵停止工作时,水从锅炉倒流入凝结水箱,在锅炉和凝结水泵间应设止回阀。要使蒸气采暖系统正常工作,必须将系统内的空气及凝结水顺利、及时地排出,还要阻止蒸气从凝结水管窜回锅炉,疏水器的作用就是阻汽疏水。蒸气在输送过程中,也会逐渐冷却而产生部分凝结水,为将它顺利排出,蒸气干管应有沿流向下坡的坡度。凡蒸气管路抬头处,应设相应的疏水装置,及时排除凝结水。

为了减少设备投资,在设计中多是在每根凝结水立管下部装一个疏水器,以替代每个凝结水支管上的疏水器。这样可保证凝结水干管中无蒸气流入,但凝结水立管中会有蒸气。

当系统调节不良时,空气会被堵在某些蒸气压力过低的散热器内,这样蒸气就不能充满整个散热器而影响放热。最好在每一个散热器上安装自动排气阀,随时排净散热器内的空气。

2. 低压蒸气采暖系统类型

1) 双管上供下回式

如图 3-12 所示为双管上供下回式蒸气采暖系统。蒸气管与凝结水管完全分开。每组散热器可以单独调节。蒸气干管设在顶层房间的屋顶下,通过蒸气立管分别向下送汽,回水干管敷设在底层房间的地面上或地沟里。疏水器可以每组散热器或每个环路设 1 个。疏水器数量多、效果好,是节约能源的一个措施,但是投资大,维修工作量也大。

双管上供下回式系统是蒸气采暖中使用得最多的一种形式,采暖效果好,可用于多层建筑,但是浪费钢材,施工麻烦。

2) 双管下供下回式

当采用双管上供下回式系统蒸气干管不好布置时,也可以采用双管下供下回式蒸气采暖系统,如图 3-13 所示。它与双管上供下回式蒸气采暖系统所不同的是蒸气干管布置在所有散热器之下,蒸气通过立管由下向上送入散热器。当蒸气沿着立管向上输送时,沿途产生的凝结水由于重力作用向下流动,与蒸气流动的方向正好相反。由于蒸气的运动速度较大,会携带许多水滴向上运动,并撞击在弯头、阀门等部件上,产生振动和噪声,这就是常说的水击现象。

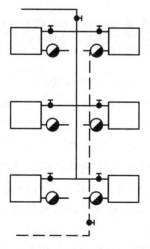

图 3-12　双管上供下回式蒸气采暖系统

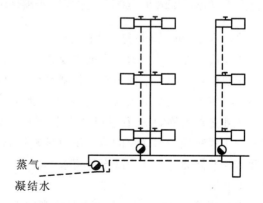

蒸气
凝结水

图 3-13　双管下供下回式蒸气采暖系统

3）双管中供下回式

双管中供下回式蒸气采暖系统如图 3-14 所示。当多层建筑的采暖系统在顶层天棚下面不能敷设干管时采用。

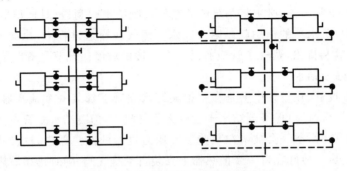

图 3-14 双管中供下回式蒸气采暖系统

4）单管上供下回式

单管上供下回式蒸气采暖系统如图 3-15 所示。单管上供下回式系统由于立管中汽、水同向流动,运行时不会产生水击现象。该系统适用于多层建筑,可节约钢材。

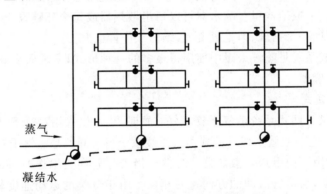

图 3-15 单管上供下回式蒸气采暖系统

三、高压蒸气采暖系统

高压蒸气采暖系统的热媒为相对压力大于 70 kPa 的蒸气。如图 3-16 所示为高压蒸气采暖系统。

由于高压蒸气的压力及温度均较高,因此在热负荷相同的情况下,高压蒸气供暖系统的管径和散热器片数都少于低压蒸气供暖系统。这就表明高压蒸气供暖有较好的经济性。高压蒸气供暖系统的缺点是卫生条件差,并容易烫伤人,因此这种系统一般只应用于工业厂房。

工业企业的锅炉房,往往既供应生产工艺用汽,同时也供应高压蒸气供暖系统所需要的蒸气。由于这种锅炉房送出的蒸气压力常常很高,因此将这种蒸气送入高压蒸气供暖系统之前,要用减压装置将蒸气压力降至所要求的数值。一般情况下,高压蒸气供暖系统的蒸气压力不超过 300 kPa。

和低压蒸气供暖一样,高压蒸气供暖亦有上供、下供和单管、双管之分。但是为了避免高压蒸气和凝结水在立管中反向流动发出噪声,一般高压蒸气供暖均采用双管上供下回式系统。

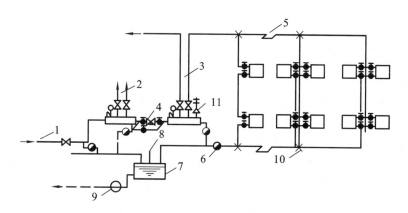

图 3-16　高压蒸气采暖系统

1—室外蒸气管;2—室内高压蒸气供热管道;3—室内高压蒸气供暖管;4—减压装置;5—补偿器;
6—疏水器;7—开式凝结水管;8—空气管;9—凝结水管;10—固定支点;11—安全阀

　　高压蒸气供暖系统在启动和停止运动时,管道温度的变化要比热水供暖系统和低压蒸气供暖系统都大,应充分考虑管道的伸缩问题。另外,由于高压蒸气供暖系统的凝结水温度很高,在它通过疏水器减压后,会重新汽化,产生二次蒸气。也就是说在高压蒸气系统的凝水管中输送的是凝结水和二次蒸气的混合物。在有条件的地方,要尽可能将二次蒸气送到附近低压蒸气供暖系统或热水供应系统中加以利用。

任务 3　采暖设备和附件

一、热器

　　散热器是采暖系统的主要散热设备,是通过热媒把热源的热量传递给室内的一种散热设备。通过散热器散热,使室内的得失热量达到平衡,从而维持房间需要的空气温度,达到供暖的目的。

　　散热器按材质可分为铸铁散热器、钢制散热器、铝制散热器、铜制散热器;按结构形式可分为柱形散热器、翼形散热器、管形散热器、板式散热器、排管式散热器等;按其对流方式可分为对流型散热器和辐射型散热器。

　　目前市场上销售的采暖散热器按材质基本可分为钢制散热器、铝制散热器、铜制散热器、铜管铝翅对流散热器、铜铝复合散热器、不锈钢散热器等,还有原有的铸铁散热器。

1. 铸铁散热器

　　铸铁散热器具有结构简单、防腐性好、使用寿命长、适用于各种水质、造价低、热稳定性好等优点,长期以来广泛应用于低压蒸气采暖系统和热水采暖系统中,现已逐步被钢制散热器所替代。

2. 钢制散热器

　　常用的钢制散热器有以下几种。

（1）钢制板式散热器，是用联箱连通两根平行管，并在钢管外面串上许多弯边长方形肋片而制成的，如图3-17所示。由于串片上、下端是敞开的，形成了许多互相平行的竖直空气通道，具有较大的对流散热能力，可分为单板单对流、双板单对流、双板双对流、三板三对流。采用优质冷轧低碳钢板为原材料，装饰性强，小体积能达到最佳散热效果，无须加暖气罩，能最大限度地减小室内占用空间，提高房间的利用率，对流片的设计增强了室内空气流通。在低温热水供暖情况下，使用钢制板式散热器室内舒适性最佳。钢制板式散热器安装灵活多样，适用于高层建筑办公楼、民用建筑及工厂等工业建筑的热水采暖系统。

（2）钢管柱式散热器，是用1.5～2.0 mm厚的轧钢板经冲压焊接而成的，如图3-18所示。钢管柱式散热器是铸铁散热器的换代产品，采用优质低碳精密钢管及特殊焊接工艺制成，外表面喷涂高级静电粉末。其特点是结构新颖合理、散热方式优势互补、性能发挥淋漓尽致、重量轻、外观高雅时尚、耐高压、寿命长、表面光滑易清扫积灰、安装维护方便等。

图3-17　钢制板式散热器

图3-18　钢管柱式散热器

（3）钢制扁管散热器，是由数根矩形扁管叠加焊接成排管，再与两端联箱形成水流通路，采用云梯式结构，如图3-19所示。其主要特点是低碳耐腐蚀，利用可靠的氩弧焊接，承压能力高、水容量大，方便安装和充分节约空间，适用于热水采暖的所有建筑中的卫浴。

（4）钢制装饰形散热器，随着人们生活水平的提高，近几年，钢质散热器不断发展，其中以装饰形散热器发展尤为突出，出现了更多造型别致、色彩鲜艳、美观的散热器，如图3-20所示。

图3-19　钢制扁管散热器

图3-20　钢制装饰形散热器

3．合金散热器

1）铝合金散热器

铝合金散热器是 20 世纪 80 年代末,我国工程技术人员在总结吸收国内外经验的基础上,潜心开发的一种新型、高效散热器。其造型美观大方,线条流畅,占地面积小,富有装饰性;质量轻,便于运输安装;金属热强度高;节省能源,采用内防腐技术。

2）复合材料型铝制散热器

复合材料型铝制散热器是普通铝制散热器发展的一个新阶段。随着科技的发展和技术的进步,从 21 世纪开始,铝制散热器迈向主动防腐。

所谓主动防腐,主要有两个办法。一个办法是规范供热运行管理,控制水质,对钢制散热器主要控制含氧量,停暖时充水密闭保养;对铝制散热器主要控制 pH 值。另一个办法是采用耐腐蚀的材质,如铜、钢、塑料等。铝制散热器于是发展到复合材料型,如铜-铝复合、钢-铝复合、铝-塑复合等。这些新产品适用于任何水质,水道采用优质复合材料管,具有耐腐蚀性能优异、防碱、耐酸、抗氧化、承压高、抗拉性强等特点,是轻型、高效、节材、节能、美观、耐用、环保产品。

二、膨胀水箱

1．膨胀水箱的作用和形式

膨胀水箱是采暖系统中的重要部件,它的作用是收容和补偿系统中水的胀缩量。

一般都将膨胀水箱设在系统的最高点,通常都接在循环水泵吸水口附近的回水干管上。膨胀水箱用于闭式水循环系统中,起到了平衡水量及压力的作用,避免安全阀频繁开启和自动补水阀频繁补水。膨胀水箱除起到容纳膨胀水的作用外,还能起到补水箱的作用。

膨胀水箱是一个钢板焊制的容器,有各种规格,一般有圆形和矩形两种形式。

2．膨胀水箱附件

膨胀水箱上接有膨胀管、循环管、溢流管、信号管(检查管)、排污管和补水管。

1）膨胀管

膨胀水箱设在系统的最高处,系统的膨胀水量通过膨胀管进入膨胀水箱。自然循环系统膨胀管接在供水总立管的上部;机械循环系统膨胀管接在回水干管循环水泵入口前,如图 3-21 所示。膨胀管上不允许设置阀门,以免偶然关断使系统内压力增高,导致事故。

2）循环管

当膨胀水箱设在不供暖的房间内时,为了防止水箱内的水冻结,膨胀水箱需设置循环管。

机械循环系统循环管接到定压点前的水平回水干管上,连接点与定压点之间应保持 1.5～3

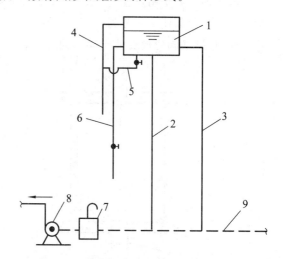

图 3-21　膨胀水箱与采暖系统连接示意图
1—膨胀水箱;2—膨胀管;3—循环管;
4—溢流管;5—排污管;6—信号管;
7—过滤器;8—水泵;9—回水管

m的距离,使热水能缓慢地在循环管、膨胀管和水箱之间流动。自然循环系统循环管接到供水干管上,与膨胀管也应有一段距离,以维持水的缓慢流动。循环管上也不允许设置阀门,以免水箱内的水冻结。

3)溢流管

控制系统的最高水位。当水的膨胀体积超过溢流管口时,水溢出就近排入排水设施中。溢流管上也不允许设置阀门,以免偶然关断,水从孔处溢出。

4)信号管(检查管)

用于监督水箱内的水位,决定系统是否需要补水。信号管控制系统的最低水位,应接至锅炉房内或人们容易观察的地方,信号管末端应设置阀门。

5)排污管

清洗、检修时放空水箱用。可与溢流管一起就近接入排水设施中,其上应安装阀门。

6)补水管

与水箱相连,水位低于设定值则通过阀门补充水。

三、排气装置

系统的水被加热时,会分离出空气。在系统停止运行时,通过不严密处也会渗入空气,充水后,也会有些空气残留在系统内。系统中如果积存空气,就会形成气塞,影响水的正常循环。因此,系统中必须设置排除空气的设备。目前常见的排气设备主要有集气罐、自动排气阀和手动排气阀等几种。

1. 集气罐

集气罐一般是用直径为100～200 mm的钢管焊制而成,分为立式和卧式两种,如图3-22所示。集气罐顶部连接内径为15 mm的排气管,排气管应引至附近的排水设施处,排气管另一端装有阀门,排气阀应设在便于操作的地方。

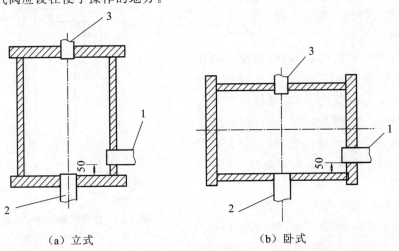

（a）立式　　　　（b）卧式

图 3-22　集气罐

1—进水口;2—出水口;3—排气管

集气罐一般设于系统供水干管末端的最高点,供水干管应向集气罐方向设上升坡度以使管中水流方向与空气气泡的浮升方向一致,有利于空气汇集到集气罐的上部,定期排除。当系统充水时,应打开集气罐上的排气阀,直至有水从管中流出,方可关闭排气阀。系统运行期间,应定期打开排气阀排除空气。

2. 自动排气阀

自动排气阀是靠阀体内的启闭机构自动排除空气的装置。它安装方便,体积小巧,且避免了人工操作管理的麻烦,是在采暖系统中排除系统空气的一种功能性阀门,经常安装在系统的最高点,或者直接与分水器、散热器一起配套使用。主要是排除内部空气,使散热器内充满热水,保证房间温度。

目前国内生产的自动排气阀,大多采用浮球启闭机构:当阀内充满水时,浮球升起,排气口自动关闭;当阀内空气量增加时,水位降低,浮球依靠自重下垂,排气口打开排气。自动排气阀如图3-23所示。自动排气阀常会因水中污物堵塞而失灵,需要拆下清洗或更换,因此排气阀前应装一个截止阀,此阀门常年开启,只在排气阀失灵、需检修时临时关闭。

图 3-23 自动排气阀

自动排气阀的安装如下。

(1)自动排气阀必须垂直安装,即必须保证其内部的浮筒处于垂直状态,以免影响排气。

(2)自动排气阀在安装时,最好跟隔断阀一起安装,这样当需要拆下排气阀进行检修时,能保证系统的密闭,水不致外流。

(3)自动排气阀一般安装在系统的最高点,有利于提高排气效率。

3. 手动排气阀

手动排气阀用于散热器或分集水器排除积存空气,适用于工作压力不大于 0.6 MPa、温度不超过 130 ℃ 的热水及蒸气供暖散热器或管道上。

四、过滤器

过滤器的作用是阻留管网中的污物,以防造成管路堵塞,一般安装在用户入口的供水管道上或循环水泵之前的回水总管上,并设有旁通管道,以便定期清洗检修。

圆筒形过滤器如图3-24所示,有卧式和立式两种。其工作原理是:水由进水管进入除污器内,水流速度突然减小,水中污物沉降到筒底,较清洁的水从带有大量小孔(起过滤作用)的出水管流出。

如图3-25所示为 Y 形过滤器,该过滤器体积小、阻力小、滤孔细密、清洗方便,一般不需要装设旁通管。清洗时关闭前、后阀门,打开排污盖,取出滤网即可,清洗干净原样装回,通常只需几分钟。为了排污和清洗方便,Y 形过滤器的排污盖一般应朝下方或45°斜下方安装,并留有抽出滤网的空间。安装时应注意介质流向,不可装反。

图 3-24　圆筒形过滤器

图 3-25　Y 形过滤器

五、疏水器

图 3-26　疏水器

蒸气供暖系统中,散热设备及管网中的凝结水和空气通过疏水器自动而迅速地排出,同时阻止蒸气逸漏。疏水器种类繁多,目前主要使用的是机械型,如图 3-26 所示。

机械型疏水器是依靠蒸气和凝结水的密度差,利用凝结水的液位进行工作的,主要有浮桶式、钟形浮子式、倒吊桶式等。

六、伸缩器

伸缩器又称补偿器。在采暖系统中,金属管道会因受热而伸长。每米钢管本身的温度每升高 1 ℃,便会伸长 0.012 mm。当平直管道的两端都被固定不能自由伸长时,管道就会因伸长而弯曲;当伸长量很大时,管道的管件就有可能因弯曲而破裂。因此,需要在管道上补偿管道的热伸长,同时补偿因冷却而缩短的长度,使管道不致因热胀冷缩而遭到破坏。常用的伸缩器有以下几种。

1)L 形和 Z 形伸缩器

利用管道自然转弯和扭转处的金属弹性,使管道具有伸缩的余地,如图 3-27(a)和图 3-27(b)所示。进行管网布置时,应尽量利用管道自然弯曲的补偿能力,当自然补偿不能满足要求时才考虑采用其他类型的伸缩器。

2)方形伸缩器

方形伸缩器如图 3-27(c)所示。它是在直管道上专门增加的弯曲管道,管径小于或等于 40 mm 时用焊接钢管,管径大于 40 mm 时用无缝钢管弯制。方形伸缩器具有结构简单、制作方便、补偿能力大、严密性好、不需要经常维修等特点,但占地面积大,大管径不易弯制。

3)套筒伸缩器

套筒伸缩器由直径不同的两段管子套在一起制成,如图 3-28 所示。填料圈可保证两管之间接触严密,不漏水(或气),填料圈用浸过煤焦油的石棉绳加些润滑油后安放进去。热媒温度高、

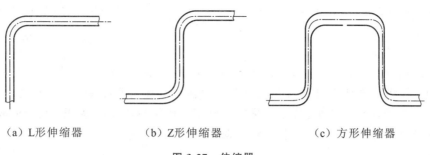

（a）L形伸缩器　　　　　　（b）Z形伸缩器　　　　　　（c）方形伸缩器

图 3-27　伸缩器

压力大时用聚四氟乙烯圈。套筒伸缩器管径大，用法兰连接，外形尺寸小，补偿量大，但造价高，易漏水、漏气，需经常维修和更换填料。

4）波形伸缩器

波形伸缩器是用金属片焊接而成的具波浪形的装置，如图 3-29 所示。利用这些波片的金属弹性来补偿管道热胀冷缩的长度，减轻管道热应力作用。波形伸缩器补偿能力较小，一般用于压力较低的蒸气管道和热水管道上。为使管道产生的伸长量能合理地分配给伸缩器，使之不偏离允许的位置，在伸缩器之间应设固定卡。

图 3-28　套筒伸缩器

图 3-29　波形伸缩器

七、热量表

热量表是用来测量及显示热载体为水时，流过热交换系统所释放或吸收的热量的仪表。热量表的工作原理：将一对温度传感器分别安装在通过载热流体的上行管和下行管上，流量计安装在流体入口或回流管上（流量计安装的位置不同，最终的测量结果也不同），流量计发出与流量成正比的脉冲信号，一对温度传感器给出表示温度高低的模拟信号，而积算仪采集来自流量和温度传感器的信号，利用公式算出热交换系统获得的热量。

热量表按照结构和原理不同，可分为机械式（包括涡轮式、孔板式、涡街式）热量表、超声波式热量表、电磁式热量表等。

1）机械式热量表

机械式热量表是采用机械式流量计的热量表的统称，如图 3-30（a）所示。机械式热量表的结构和原理与热水表类似，具有制造工艺简单、成本相对较低、性能稳定、计量精度相对较高等优点。目前在 DN25 以下的户用热量表当中，无论是国内还是国外，几乎全部采用的是机械热量表。

机械式热量表因其经济、维修方便和对工作条件的要求相对不高,在热水管网的热计量中占据了主导地位。

2)超声波式热量表

超声波式热量表是采用超声波式流量计的热量表的统称,如图 3-30(b)所示。它利用超声波在流动的流体中传播时,顺水流传播速度与逆水流传播速度差计算流体的流速,从而计算出流体流量。对介质无特殊要求;流量测量的准确度不受被测流体温度、压力、密度等参数的影响。这种热量表具有压损小、不易堵塞、精度高等特点。

3)电磁式热量表

电磁式热量表是采用电磁式流量计的热量表的统称,如图 3-30(c)所示。由于这种热量表成本极高,需要外加电源等,所以很少被采用。

（a）机械式热量表　　　　　（b）超声波式热量表　　　　　（c）电磁式热量表

图 3-30　热量表

八、散热器温控阀

散热器温控阀是一种自动控制进入散热器热媒流量的阀门,它由阀体部分和温控元件控制部分组成,如图 3-31 所示。

图 3-31　散热器温控阀

散热器温控阀是无须外加能量即可工作的比例式调节控制阀,它通过改变采暖热水流量来调节、控制室内温度,是一种经济节能产品。其控制元件是一个温包,内充感温物质,当室温升高时,温包膨胀使阀门关小,减少散热器热水供应,当室温下降时过程相反,这样就能达到控制温度的目的。散热器温控阀还可以调节设定温度,并可按设定要求自动控制和调节散热器的热水供应量。温控阀的研制关键在于温控部分,温控部分温度传感器内的感温介质能够感受外界温度,并做出相应的反应使其控制阀芯的开度,从而控制通过温控阀的流量。

温度传感器有充满液体工质、气体工质以及石蜡等几种。其控制精度以液体为最佳,气体次之,石蜡最差。充满液体工质或气体工质的温度传感器工作寿命达 20 年以上,充满石蜡的温度传感器的工作寿命在 5 年左右。

九、平衡阀

平衡阀是一种特殊功能的阀门。由于介质(各类可流动的物质)在管道和容器的各个部分存在较大的压力差或流量差,为减小和平衡该差值,在相应的管道和容器之间装设阀门,用以调节两侧压力的相对平衡,或通过分流的方法达到流量的平衡。平衡阀如图 3-32 所示。

图 3-33　平衡阀

静态平衡阀亦称手动平衡阀、数字锁定平衡阀、双位调节阀等,它通过改变阀芯与阀座的间隙(开度),来改变流经阀门的流量阻力,以达到调节流量的目的,其作用对象是系统的阻力,能够将新的水量按照设计计算的比例平衡分配,各支路同时按比例增减,仍然满足当前气候需要下的部分负荷的流量需求,起到热平衡的作用。

动态平衡阀分为动态流量平衡阀、动态压差平衡阀、自力式自身压差控制阀等。

动态流量平衡阀亦称自力式流量控制阀、自力式平衡阀、定流量阀、自动平衡阀等,它根据系统工况(压差)变动而自动变化阻力系数,在一定的压差范围内,可以有效地控制通过的流量保持一个常值,即当阀门前、后的压差增大时,通过阀门的自动关小动作能够保持流量不增大,反之,当压差减小时,阀门自动开大,流量仍保持恒定,但是当压差小于或大于阀门的正常工作范围时,它毕竟不能提供额外的压头,此时阀门即便打到全开或全关位置,流量也比设定流量低或高,不能控制。

动态压差平衡阀亦称自力式压差控制阀、压差控制器、稳压变量同步器、压差平衡阀等。它通过压差作用来调节阀门的开度,利用阀芯的压降变化来弥补管路阻力的变化,从而使在工况变化时能保持压差基本不变。它的原理是:在一定的流量范围内,可以有效地控制被控系统的压差恒定,即当系统的压差增大时,通过阀门的自动关小动作能够保证被控系统压差恒定;反之,当压差减小时,阀门自动开大,压差仍保持恒定。

自力式自身压差控制阀在控制范围内自动阀塞为关闭状态,当阀门两端压差超过预设值时,阀塞会自动打开并在感压膜作用下自动调节开度,保持阀门两端压差相对恒定。

十、气候补偿器

在采用热量表的采暖系统中,有效利用自由热,按照室内采暖的实际需求,对采暖系统的供热量进行有效的调节,将有利于供热的节能。气候补偿器就能够完成此功能。它可以根据室外气候的温度变化以及用户设定的不同时间的室内温度要求,按照设定的曲线自动控制供水温度,实现采暖系统供水温度的气候补偿。另外,它还可以通过室内温度传感器,根据室温调节供水温度,在实现室内补偿的同时,还具有限定最低回水温度的功能。气候补偿器一般用于采暖系统的热力站,或者采用锅炉直接供暖的采暖系统中。

气候补偿器安装在采暖系统的热源处,当室外温度降低时,气候补偿器自动调整,增大电动阀的开度,使进入换热器的蒸气或高温水的流量增大,从而使进入采暖用户的供水温度升高;反之,减小电动阀的开度,使进入换热器的蒸气或高温水的流量减小,从而降低进入采暖用户的供水温度。

气候补偿器及其控制系统可以自动控制和调节锅炉送往散热器系统的供水温度,以补偿室外温度变化的影响,保证建筑物室内温度的稳定,并且通过时间控制器可以控制不同时间段的室温设定,这样可以大量地节能。控制系统的回水温度控制器对保证散热器恒温阀正常工作和用户独立控制房间温度及节能也起到了非常重要的作用。

气候补偿器的功能特性如下。

(1) 根据室外温度变化控制三通调节阀来调节供水温度,避免建筑物中因过热而开启窗户的现象。

(2) 通过设定时间控制器,设定不同时间段的不同室温要求,可以减少房间夜间或无人时的供暖量。

(3) 能够使散热器恒温阀更有效地利用从太阳辐射、电器和人体等热源获得的额外热量,以减少房间和系统的供暖量。

(4) 对于未安装散热器恒温阀的建筑,安装一个额外房间探头,可以利用太阳辐射等额外热量维持室温稳定,减少供暖量。

任务 4 采暖系统的布置及敷设

一、室外供热管道的布置及敷设

因为室外供热管网是集中供热系统中投资最多、施工最繁重的部分,所以合理地选择供热管道的敷设方式以及做好管网平面的定线工作,对节省投资、保证热网安全可靠运行和施工维修方便等都具有重要的意义。

1. 管道的布置

供热管道应尽量经过热负荷集中的地方,且以线路短、便于施工为宜。管线尽量布置在地势较平坦、土质良好、地下水位低的地方,同时还要考虑和其他地上管线的相互关系。

地下供热管道的埋设深度一般不考虑冻结问题,对于直埋管道,在车行道下为 0.8~1.2 m,在非车行道下为 0.6 m 左右;管沟顶上的覆土深度一般不小于 0.3 m,以避免直接承受地面的作用力。架空管道设于人和车辆稀少的地方时,采用低支架敷设,交通频繁之处采用中支架敷设,穿越主干道时采用高支架敷设。埋地管线坡度应尽量采用与自然地面相同的坡度。

2. 管道的敷设

室外采暖管道的敷设方式可分为管沟敷设、埋地敷设和架空敷设 3 种。

1）管沟敷设

厂区或街区交通特别频繁以致管道架空有困难或影响美观时,或在蒸气供热系统中冷凝水是靠高度差自流回收时,适于采用地下敷设。管沟是地下敷设管道的维护构筑物,其作用是承受土压力和地面荷载并防止水的侵入。根据管沟内人行通道的设置情况,可将管沟分为通行管沟、半通行管沟和不通行管沟。

（1）通行管沟,如图 3-33 所示。

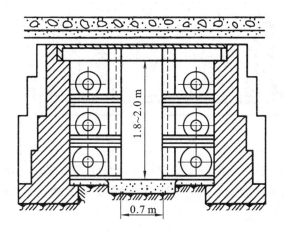

图 3-33　通行管沟

通行管沟是工作人员可以在管沟内直立通行的管沟,可采用单侧和双侧两种布管方式。通行管沟人行通道的高度不低于 1.8 m,宽度不小于 0.7 m,并应允许管沟内管径最大的管道通过通道。管沟内若装有蒸气管道,应每隔 100 m 设一个事故入口;若无蒸气管道,应每隔 200 m 设一个事故入口。沟内设自然通风或机械通风设备。沟内空气温度按工人检修条件的要求不应超出 50 ℃。安全方面还要求地沟内设照明设施,照明电压不高于 36 V。通行管沟的主要优点是操作人员可在管沟内进行管道的日常维修甚至大修（如更换管道）,缺点是造价高。

（2）半通行管沟,如图 3-34 所示。

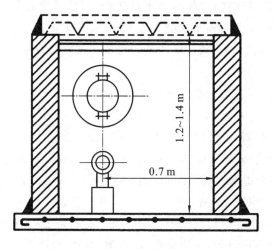

图 3-34　半通行管沟

在半通行管沟内,留有高度为 1.2~1.4 m,宽度不小于 0.5 m 的人行通道。操作人员可以在半通行管沟内检查管道和进行小型修理工作,但更换管道等大修工作仍需挖开地面进行。从工作安全考虑,半通行管沟只宜用于低压蒸气管道和温度低于 130 ℃ 的热水管道。在决定敷设方案时,应充分调查当时当地的具体情况,征求管理和运行人员的意见。

(3)不通行管沟,如图 3-35 所示。

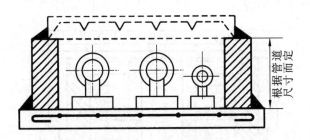

图 3-35 不通行管沟

不通行管沟的横截面较小,只需保证管道施工安装的必要尺寸。不通行管沟的造价较低,占地面积较小,是城镇采暖管道经常采用的管沟敷设形式。其缺点是检修时必须掘开地面。

2)埋地敷设

对于 DN≤500 mm 的热力管道均可采用埋地敷设。一般使用在地下水位以上的土层内,它是将保温后的管道直接埋于地下,从而节省了大量建造地沟的材料、工时和空间。管道应有一定的埋深,外壳顶部的埋深应满足覆土厚度的要求。此外,要求保温材料除热导率小之外,还应吸水率低、电阻率高,并具有一定的机械强度。为了防水、防腐蚀,保温结构应连续无缝,形成整体。

3)架空敷设

架空敷设在工厂区和城市郊区应用广泛,它是指用独立支架或带纵梁的管架将供热管道敷设在地面上或建筑物的墙壁上。架空敷设管道不受地下水的侵蚀,因而管道寿命长;由于空间通畅,故管道坡度易于保证,所需的放气与排水设备少,而且通常有条件使用工作可靠、构造简单的方形补偿器;因为只有支承结构基础的土方工程,故施工土方量小,造价低;在运行中,易于发现管道事故,维修方便,是一种比较经济的敷设方式。架空敷设的缺点是占地面积较多,管道易损坏,在某些场合下不够美观。

按照支架高度的不同,可将架空敷设分为下列 3 种形式。

(1)低支架敷设,如图 3-36 所示。

在不妨碍交通以及不妨碍厂区、街区扩建的地段,供热管道可采用低支架敷设。此时,最好是沿工厂的围墙或平行于公路、铁路来布线。低支架上管道保温层的底部与地面间的净距通常为 0.5~1.0 m,两个相邻管道保温层外面的间距一般为 0.1~0.2 m。

(2)中、高支架敷设,如图 3-37 所示。

在行人频繁处,可采用中支架敷设。中支架的净空高度为 2.5~4.0 m。

在跨越公路或铁路时,可采用高支架敷设,高支架的净空高度为 4.5~6.0 m。

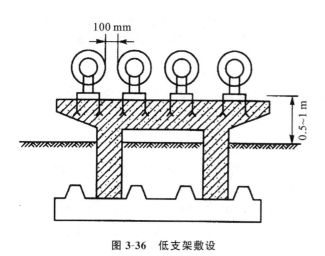

图 3-36　低支架敷设

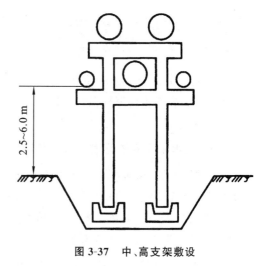

图 3-37　中、高支架敷设

二、热力入口的布置及敷设

室内采暖系统与供热管道的连接处叫作室内采暖系统热力入口,入口处一般装有必要的设备和仪表。

如图 3-38 所示为采暖系统热力入口示意图。热力入口处设有温度计、压力表、旁通管、调压板、除污器、阀门等。温度计用来测量采暖供水和回水的温度;压力表用来测量供、回水的压力差或调压板前后的压力差;当室外供热管网和室内采暖系统的工作压力不平衡时,调压板就用来调节压力,使室外供热管网和室内采暖系统的工作压力达到平衡;旁通管只在室内停止供暖或管道检修时而外网仍需运行的情况下打开,使引入用户的支管中的水可继续循环流动,以防止外网支路被冻结。

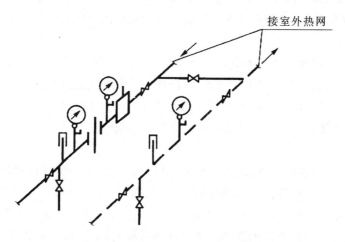

图 3-38　采暖系统热力入口示意图

三、采暖管道的布置及敷设

室内供暖系统的种类和形式根据建筑物的使用特点和要求来确定,一般是在选定了系统的种类(热水系统还是蒸气系统)和形式(上供还是下供,单管还是双管,同程还是异程)后进行系统的管网布置。

1. 热水采暖系统管道的布置与敷设

管路布置直接影响到系统造价和使用效果,因此系统管道走向布置应合理,以节省管材,便于调节和排除空气,而且要求各并联环路的阻力易于平衡。

采暖系统的引入口一般宜设在建筑物中部。系统应合理地设若干支路,而且尽量使各支路的阻力易于平衡。在布置采暖系统管网时,一般先在建筑平面图上布置散热器,然后布置干管,再布置立管,最后绘出管网系统图。布置系统时力求管道最短,便于管理,并且不影响房间的美观。

采暖系统的安装方法有明装和暗装两种。采用明装还是暗装,要依建筑物的要求而定,一般民用建筑、公共建筑及工业厂房都采用明装,装饰要求较高的建筑物采用暗装。

1) 干管的布置

对于上供式供热系统,供热干管暗装时应布置在建筑物顶部的设备层中或吊顶内;明装时可沿墙敷设在穿过梁和顶棚之间的位置。布置供热干管时应考虑到供热干管的坡度、集气罐的设置要求。有闷顶的建筑物,供热干管、膨胀水箱和集气罐都应设在闷顶层内,回水或凝水干管一般敷设在地下室顶板之下或底层地面以下的供暖地沟内。

对于下供式供暖系统,供热干管和回水或凝水干管应敷设在建筑物地下室顶板之下或底层地面以下的供暖地沟内,也可以沿墙明装在底层地面上。当干管穿越门洞时,可局部暗装在沟槽内,无论是明装还是暗装,回水干管均应保证设计坡度的要求。暖沟断面的尺寸应由沟内敷设的管道数量、管径、坡度及安装检修的要求确定,其净尺寸不应小于 800 mm×1 000 mm×1 200 mm。沟底应有 0.3% 的坡向供暖系统引入口的坡度用以排水。

2) 立管的布置

立管可布置在房间窗间墙或墙身转角处,对于有两面外墙的房间,立管宜设置在温度低的外墙转角处。楼梯间的立管尽量单独设置,以防冻结后影响其他立管的正常供暖。

要求暗装时,立管可敷设在墙体内预留的沟槽中,也可以敷设在管道井内。管道井每层用隔板隔断,以减少管道井中空气对流而形成的立管传热损失。

3) 支管的布置

支管的位置与散热器的位置、进水口和出水口的位置有关。支管与散热器的连接方式有 3 种:上进下出、下进上出和下进下出。散热器支管进水口、出水口可以布置在同侧,也可以布置在异侧。设计时应尽量采用上进下出、同侧的连接方式,这种连接方式具有传热系数大、管路短、外形美观的优点。下进下出的连接方式散热效果较差,但在水平串联系统中可以使用,因为安装简单,对分层控制散热量有利。下进上出的连接方式散热效果最差,但这种连接方式有利于排气。

连接散热器的支管应有坡度以便排气,当支管全长小于 500 mm 时,坡度值为 5 mm;当支管全长大于 500 mm 时,坡度值为 10 mm。进、回水支管均应沿流向顺坡布置。

2. 蒸气采暖系统管道的布置与敷设

蒸气采暖系统管道布置的基本要求与热水供暖系统基本相同,还要注意以下几点。

(1) 水平敷设的供汽和凝结水管道必须有足够的坡度并要尽可能地使汽、水同向流动。

(2) 布置蒸气供暖系统时应尽量使系统作用半径小,流量分配均匀。系统规模较大、作用半径较大时宜采用同程式布置,以避免远近不同的立管环路因压降不同造成环路凝结水回流不畅。

(3) 合理地设置疏水器。为了及时排除蒸气系统的凝结水,除了应保证管道必要的坡度外,还应在适当位置设置疏水装置。一般低压蒸气供暖系统每组散热设备的出口或每根立管的下部设置疏水器,高压蒸气供暖系统一般在环路末端设置疏水器。水平敷设的供汽干管,为了减小敷设深度,每隔 30~40 m 需要局部抬高,局部抬高的低点处设置疏水器和泄水装置。

(4) 为避免蒸气管路中沿途的凝结水进入蒸气立管造成水击现象,供汽立管应从蒸气立管的上方或侧上方接出。干管沿途产生的凝结水,可通过干管末端设置疏水器和疏水装置排除。

(5) 水平干式凝结水干管通过过门地沟时,需将凝结水管内的空气与凝结水分流,应在门上设空气绕行管。

3. 低温热水地板辐射采暖系统管道的布置与敷设

1) 低温热水地板辐射采暖系统的构造

加热管的布置要保证地面温度均匀,一般将高温管段布置在外窗、外墙侧。加热管的敷设管间距应根据地面散热量、室内计算温度、平均水温及地面传热热阻等通过计算确定,一般为 100~300 mm。加热管应保持平直,防止管道扭曲,加热管一般无坡度敷设。埋设在填充层内的每个环路加热管不应有接头,其长度不应大于 120 m。环路布置不宜穿越填充层内的伸缩缝,必须穿越时,伸缩缝处应设长度不小于 20 mm 的柔性套管。弯曲管道时,圆弧的顶部应加以限制,并用管卡进行固定,不得出现"死折"现象。采用塑料及铝塑复合管时,其弯曲半径不宜小于 6 倍管外径;采用铜管时,其弯曲半径不宜小于 5 倍管外径。加热管应设固定装置。

2) 低温热水地板辐射采暖系统的设置

低温热水地板辐射采暖系统的楼内分户热量计算系统需在户内设置分水器和集水器,如图 3-39 所示。另外,当集中采暖热媒的温度超过低温热水地板辐射采暖系统的允许温度时,可设集中换热站以保证温度在允许的范围内。

低温地板辐射采暖的楼内系统一般通过设置在户内的分水器、集水器与户内埋在地面层内的管路系统连接,每套分水器、集水器宜接 3~5 个回路,最多不超过 8 个。分水器、集水器宜布置在厨房、卫生间等地方,注意应留有一定的检修空间,且每层安装位置应相同。

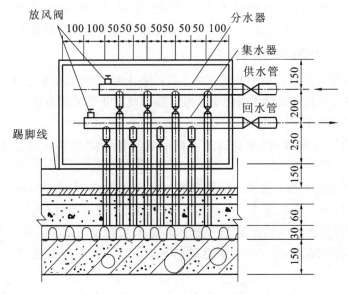

图 3-39　低温热水地板辐射采暖系统示意图

四、采暖系统常用管材

采暖系统常用管材有以下几种。

1．焊接钢管

焊接钢管及镀锌钢管常用于输送低压流体,是供暖工程中最常用的管材。焊接钢管使用时压力不小于 1 MPa,输送介质的温度不高于 130 ℃。焊接钢管的 DN≤32 mm 时,用螺纹接方式连接;DN≥40 mm 时,用焊接方式连接。

2．无缝钢管

无缝钢管主要用于系统需承受较高压力的室内供暖系统,焊接连接。

3．其他管材

其他管材有交联铝塑复合管、聚丁烯管、交联聚乙烯管、无规共聚聚丙烯管等。

五、采暖系统管道、设备的防腐与保温

1．防腐

在管道工程中,为了防止各种管材、设备产生锈蚀而受到破坏,需要对这些管材和设备进行防腐处理。

1）防腐的程序

防腐的程序:除锈→刷防锈漆→刷面漆。

除锈是指在刷防锈漆前,将金属表面的灰尘、污垢及锈蚀物等杂物彻底清理干净,除锈可以

采用人工打磨或化学除锈的方法,不管采用哪种除锈方法,除锈后应露出金属光泽,使涂刷的油漆能够牢固地黏结在管道或设备的表面上。

2)常用油漆

(1)红丹防锈漆。多用于地沟内保温的采暖及热水供应管道和设备。它是由油性红丹防锈漆和 200 号溶剂汽油按照 4:1 的比例配置的。

(2)防锈漆。多用于地沟内不保温的管道。它是由酚醛防锈漆与 200 号溶剂汽油按照 3.3:1 的比例配置的。

(3)银粉漆。多用于室内采暖管道、给水排水管道及室内明装设备。它是由银粉、200 号溶剂汽油、酚醛清漆按照 1:8:4 的比例配置的。

(4)冷底子油。多用作埋地管材的第一遍漆。它是由沥青和汽油按照 1:2.2 的比例配置的。

(5)沥青漆。多用于埋地给水或排水管道的防水处理。它是由煤焦沥青漆和苯按照 6.2:1 的比例配置的。

(6)调和漆。多用作有装饰要求的管道和设备的面漆。它是由酚醛调和漆和汽油按照 9.5:1 的比例配置的。

3)防腐要求

(1)明装管道和设备必须刷一道防锈漆、两道面漆,如需做保温和防结露处理,应刷两道防锈漆,不刷面漆。

(2)暗装的管道和设备,应刷两道防锈漆。

(3)埋地钢管的防腐层做法应根据土壤的腐蚀性能来定,按表 3-1 执行。

表 3-1　埋地管道的防腐层做法

防腐层层数	防腐层种类		
(从金属表面算起)	正常防腐	加强防腐	超加强防腐
1	冷底子油	冷底子油	冷底子油
2	沥青漆涂层	沥青漆涂层	沥青漆涂层
3	外包保护层	加强包扎层	加强包扎层
4	—	(封闭层)	(封闭层)
5	—	沥青漆涂层	沥青漆涂层
6	—	外包保护层	外包保护层
7	—	—	(封闭层)
8	—	—	沥青漆涂层
9	—	—	外包保护层
防腐层层数	共 3 层	共 6 层	共 9 层

（4）出厂未涂油的排水铸铁管和管件，埋地安装前应在管道外壁涂两道石油沥青。

（5）涂刷油漆应厚度均匀，不得有脱皮、起泡、流淌和漏涂等现象。

（6）管道、设备的防腐，严禁在雨、雾、雪和大风等恶劣天气下操作。

2. 保温

1）保温的一般要求

为了减少在输送过程中的热量损失、节约燃料，必须对管道和设备进行保温。保温应在防腐和水压试验合格后进行。

保温材料的一般要求：重量轻、来源广泛、热传导率小、隔热性能好、阻燃性能好、吸声率良、绝缘性高、耐腐蚀性高、吸湿率低、施工简单、价格低廉。

2）常用的保温材料

保温材料的种类繁多，《严寒和寒冷地区居住建筑节能设计标准》（JGJ 26—2010）推荐下面两种保温材料（多用于采暖管道）。

（1）水泥膨胀珍珠岩管壳，如图3-40所示。具有良好的保温性能，产量大，价格低廉，是目前管道保温的常用材料。

（2）玻璃棉管壳，如图3-41所示。保温效果好，施工方便。

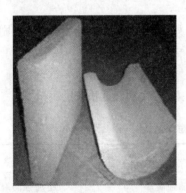
图3-40　水泥膨胀珍珠岩管壳

图3-41　玻璃棉管壳

3）保温层的做法

保温结构一般由保温层（见图3-42和图3-43）和保护层两部分组成。保温层主要由保温材料组成，具有绝热保温的作用；保护层主要保护保温层不受风、雨、雪的侵蚀和破坏，同时可以防潮、防水、防腐，延长管道的使用年限。

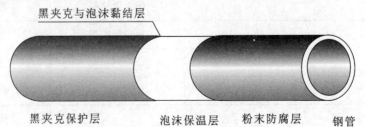

黑夹克与泡沫黏结层

黑夹克保护层　　泡沫保温层　　粉末防腐层　　钢管

图3-42　热水采暖系统管道保温层

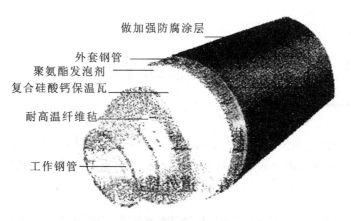

做加强防腐涂层

外套钢管

聚氨酯发泡剂

复合硅酸钙保温瓦

耐高温纤维毡

工作钢管

图 3-43　蒸气采暖系统管道保温层

（1）涂抹法。用石棉灰或石棉硅藻土。做法是先在管子上缠以草绳,再将石棉灰调和成糊状抹在草绳外面。这种方法由于施工慢、保温性能差,已被淘汰。

（2）预制法。在工厂或预制场将保温材料制成扇形、梯形、半圆形或制成管壳,然后将其捆扎在管子外面,可以用铁丝扎紧。这种方法施工简单,保温效果好,是目前应用得比较广泛的一种保温层做法。

（3）包扎法。用矿渣棉毡或玻璃棉毡。先将棉毡按管子的外周周长加上搭接宽度的总长裁好,然后包在管子上,搭接缝在管子上部,外面用镀锌铁丝缠绑。包扎式保温必须采用干燥的保温材料,宜用油毡玻璃丝布做保护层。

（4）填充式。将松散粒状或纤维保温材料如矿渣棉、玻璃棉等充填于管道周围的特质外套或铁丝网中,或直接充填于地沟内或无沟敷设的槽内。这种保温方法造价低,保温效果好。

（5）浇灌式。用于不通行地沟或直埋敷设的热力管道。具体做法是把配好的原料注入钢制的模具内,在管外直接发泡成型。

4）保护层的做法

保温层干燥后,可做保护层。

（1）沥青油毡保护层。具体做法与包扎法相似,不同的是搭接缝在管子的外侧,缝口朝下,搭接缝用热沥青黏住。

（2）缠裹材料保护层。室内采暖管道常用玻璃丝布、棉布、麻布等材料缠裹作为保护层。如需做防潮处理,可在布面上刷沥青漆。

（3）石棉水泥保护层。泡沫混凝土、矿渣棉、石棉硅藻土等保温层常用石棉水泥保护层。具体做法是先将石棉与 400 号水泥按照 3:17 的重量比搅拌均匀,再用水调和成糊状,涂抹在保温层外面,厚度以 10～15 mm 为宜。

（4）铁皮保护层。为了提高保护层的坚固性和防潮作用,可采用铁皮保护层。铁皮保护层适用于预制瓦片保温层和包扎保温层。具体做法是铁皮下料后,用压边机压边,用滚圆机滚圆。铁皮应紧贴保温层,不留空隙,纵缝搭口朝下。铁皮的搭接长度为环向 30 mm、纵向不小于 30 mm,铁皮用半圆头自攻螺钉紧固。

任务 5 建筑采暖施工图

建筑采暖施工图是室内采暖系统施工的依据和必须遵守的文件,可以使施工人员明白设计人员的设计意图,并将其贯彻到采暖工程施工中。施工时,未经设计单位同意,不能随意修改施工图中的内容。

一、建筑采暖施工图的组成

采暖施工图由文字部分和图示部分组成。文字部分包括设计施工说明、图纸目录、图例及设备材料表等;图示部分包括系统图、平面图和详图等。

1. 文字部分

1）设计施工说明

主要内容有:建筑物的采暖面积;采暖系统的热源种类、热媒参数、系统总热负荷;系统形式、进出口压力差;各房间设计温度;散热器形式及安装方式;管材种类及连接方式;管道防腐、保温的做法;所采用的标准图号及名称;施工注意事项、施工验收应达到的质量要求;系统的试压要求;对施工的特殊要求和其他不易用图表达清楚的问题等。

2）图纸目录

包括设计人员绘制部分和所选用的标准图部分。

3）图例

建筑采暖施工图中管道及附件、管道连接、阀门、采暖设备及仪表等,采用《暖通空调制图标准》(GB/T 50114—2010)中统一的图例,凡在标准图例中未列入的可自设,但在图纸上应专门画出图例,并加以说明,如表 3-2 至表 3-5 所示。

表 3-2　水、汽管道代号

代　　号	管道名称	备　　注
R	供暖用热水管	用粗实线、粗虚线区分供水、回水时,可省略代号; 可附加阿拉伯数字 1、2 区分供水、回水; 可附加阿拉伯数字 1、2、3……表示一个代号、不同参数的多种管道
Z	蒸气管	需要区分饱和、过热、自用蒸气时,可在代号前分别附加 B、G、Z
N	凝结水管	—

代　号	管 道 名 称	备　注
P	膨胀水管、排污管、排气管、旁通管	需要区分时,可在代号后附加一位小写拼音字母,即 Pz、Pw、Pq、Pt
G	补给水管	—
X	泄水管	—
XH	循环管、信号管	循环管为粗实线,信号管为细虚线,不致引起误解时,循环管代号也可为"X"
Y	溢排管	—

表 3-3　水、汽管道阀门和附件图例

图 例	名　称	附　注
	阀门(通用)、截止阀	没有说明时,表示螺纹连接法兰连接时： 焊接时：
	闸阀	—
	手动调节阀	—
	球阀	—
	蝶阀	—
	角阀	—
	平衡阀	—
	三通阀	—
	四通阀	—
	节流阀	—
	膨胀阀	也称"隔膜阀"

图　例	名　称	附　注
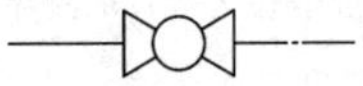	旋塞阀	—
	快放阀	也称"快速排污阀"
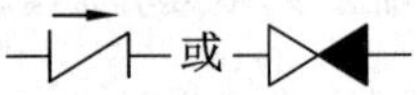 或	止回阀	左为通用止回阀,右为升降式止回阀,流向同左,其余同阀门类推
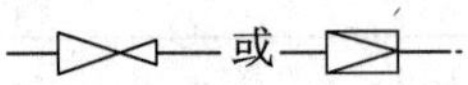 或	减压阀	左图小三角为高压端,右图右侧为高压端,其余同阀门类推
	安全阀	左为通用安全阀,中为弹簧安全阀,右为重锤式安全阀
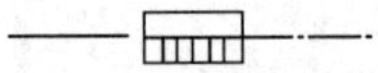	疏水阀	在不致引起误解时,也可用  ⊙ 表示,也称"疏水器"
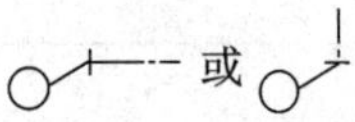 或	浮球阀	—
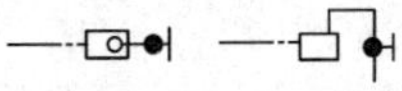	集气罐、排气装置	左为平面图
	自动排气阀	—
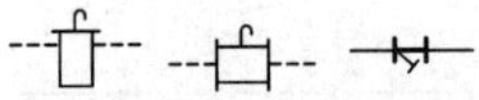	除污器(过滤器)	左为立式除污器,中为卧式除污器,右为Y形过滤器
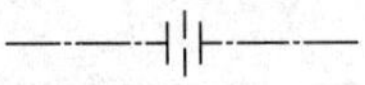	节流孔板、减压孔板	在不致引起误解时,也可用 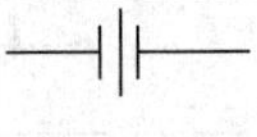 ‖ 表示
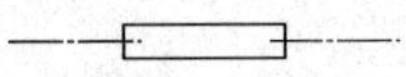	补偿器	也称"伸缩器"
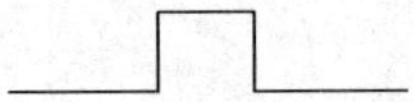	矩形补偿器	—
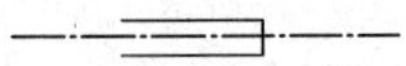	套管补偿器	—
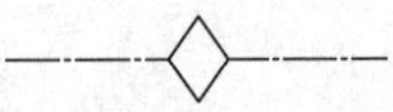	波纹管补偿器	—
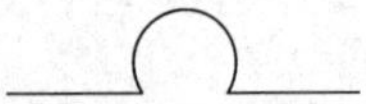	弧形补偿器	—

图　例	名　称	附　注
	球型补偿器	—
	变径管异径管	左为同心异径管,右为偏心异径管
	法兰	—
	法兰盖	—
	丝堵	也可表示为：——————┤├
	可屈挠橡胶软接头	—
	金属软管	也可表示为：——WW——
	固定支架	—
——→ 或 ⇨	介质流向	在管道断开处,流向符号宜标注在管道中心线上,其余可同管径标注位置
$i=0.003$ 或 ——→ $i=0.003$	坡度及坡向	坡度数值不宜与管道起、止点标高同时标注。标注位置同管径标注位置

表 3-4　暖通空调设备图例

图　例	名　称	附　注
$\frac{15}{}$　15　15	散热器及手动放气阀	左为平面图画法,中为剖面图画法,右为系统图、Y 轴侧图画法
$\frac{15}{15}$　$\frac{15}{15}$	散热器及控制阀	左为平面图画法,右为剖面图画法
	水泵	左侧为进水,右侧为出水
	电加热器	—

表 3-5　调控装置及仪表图例

图　例	名　称	附　注
----□T□---- 或 ----□温度□----	温度传感器	—
----□H□---- 或 ----□湿度□----	湿度传感器	—
----□P□---- 或 ----□压力□----	压力传感器	—
----□ΔP□---- 或 ----□压差□----	压差传感器	—
	弹簧执行机构	如弹簧式安全阀 
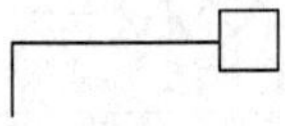	重力执行机构	—
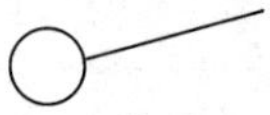	浮力执行机构	如浮球阀 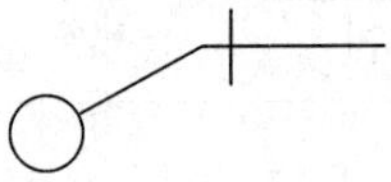
 Ⓣ 或  ‖	温度计	左为圆盘式温度表,右为管式温度计
 	压力表	—
 FM 或  ◣	流量计	—
 □F□	水流开关	—

4）设备材料表

为了使施工准备的材料和设备符合图纸要求,并且便于备料,设计人员应编制主要设备材料明细表,包括序号、名称、型号规格、单位、数量、备注等项目,施工图中涉及的采暖设备、采暖管道及附件等均应列入表中。

2. 图示部分

1）系统图

系统图主要表达采暖系统中管道、附件及散热器的空间位置及空间走向,管道与管道之间的连接方式,散热器与管道的连接方式,立管编号,各管道的管径和坡度,散热器的片数,供、回水干管的标高,膨胀水箱、集气罐(或自动排气阀)、疏水器、减压阀等的设置位置和标高等。

系统图上各立管的编号应和平面图上一一对应,散热器的片数也应与平面图完全对应。系统图一般采用与平面图相同的比例,这样在绘图时按轴向量取长度较为方便,但有时为了避免管道的重叠,可不严格按比例绘制,适当将管道伸长或缩短,以达到可以清楚表达的目的。

采暖系统图中的设备、管路往往重叠在一起,为表达清楚,在重叠、密集处可断开引出绘制,称为引出画法或移至画法。管道断开处用相同的小写英文字母或阿拉伯数字注明,以便相互查找。

2）平面图

平面图是施工图的主要部分。采用的比例一般与建筑图相同,常用 1:100、1:200。

平面图所表达的内容主要有:与采暖有关的建筑物轮廓,包括建筑物墙体、主要的轴线及轴线编号、尺寸线等;采暖系统主要设备(集气管、膨胀水箱、补偿器等)的平面位置;干管、立管、支管的位置和立管编号;散热器的位置、片数;采暖地沟的位置;热力入口位置与编号等。

多层建筑的采暖平面图应分层绘制,一般底层和顶层平面图应单独绘制,如各层采暖管道和散热器布置相同,可画在一个平面图上,该平面图称为标准层平面图。各层采暖平面图是在各层管道系统之上水平剖切后,向下水平投影的投影图,这与建筑平面图的剖切位置不同。

3）详图

当某些设备的构造或管道间的连接情况在平面图和系统图上表达不清楚,也无法用文字说明时,可以将这些部位局部放大比例,画出详图。

二、建筑采暖施工图的识读

建筑采暖系统安装于建筑物内,因此要先了解建筑物的基本情况,然后阅读采暖施工图中的设计施工说明,熟悉有关的设计资料、标准规范、采暖方式、技术要求及引用的标准图等。

平面图和系统图是采暖施工图中的主要图纸,看图时应相互联系和对照,一般按照热媒的流动方向阅读,即:供水总管→供水总主管→供水干管→供水立管→供水支管→散热器→回水支管→回水立管→回水干管→回水总管。

工程实例如下。

该设计为某企业的一栋三层办公楼。施工图纸包括一层(底层)采暖平面图(见图 3-44)、二层(标准层)采暖平面图(见图 3-45)、三层(顶层)采暖平面图(见图 3-46)、采暖系统图(见图 3-47)。平面图及系统图比例均为 1:100。另附有采暖设计说明及图例(见图 3-48)。

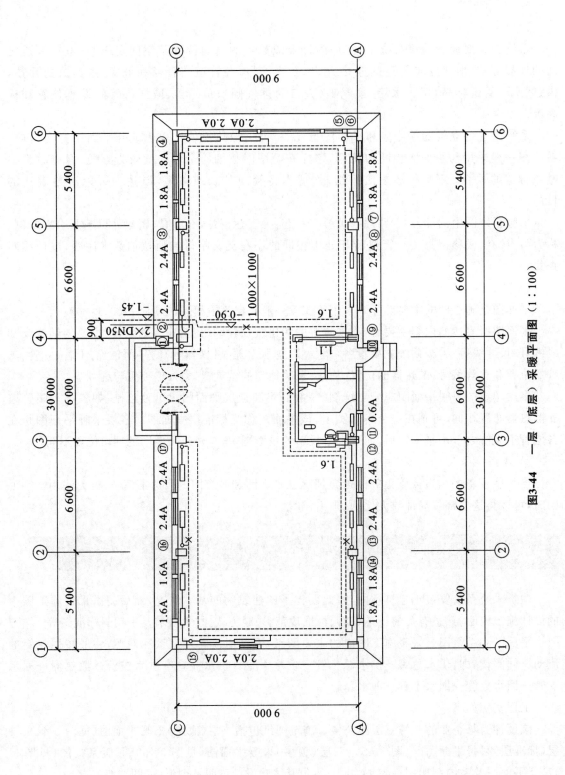

图3-44　一层（底层）采暖平面图（1：100）

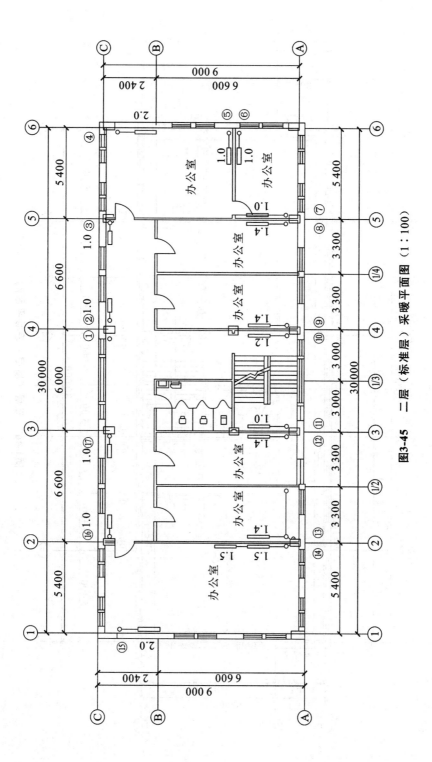

图3-45　二层（标准层）采暖平面图（1：100）

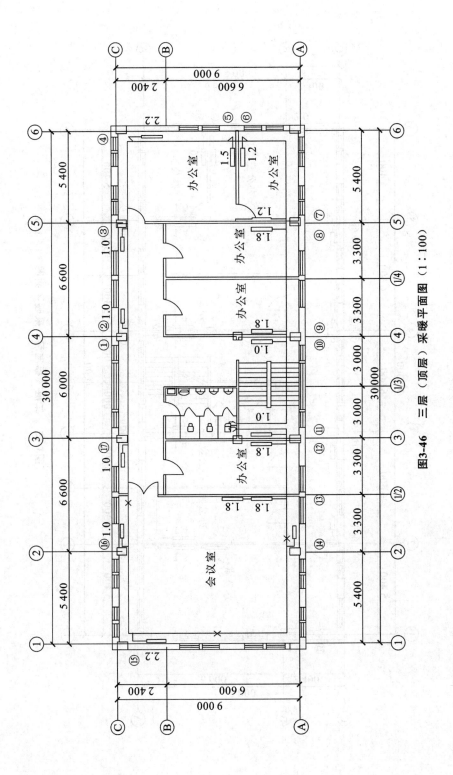

图3-46　三层（顶层）采暖平面图（1：100）

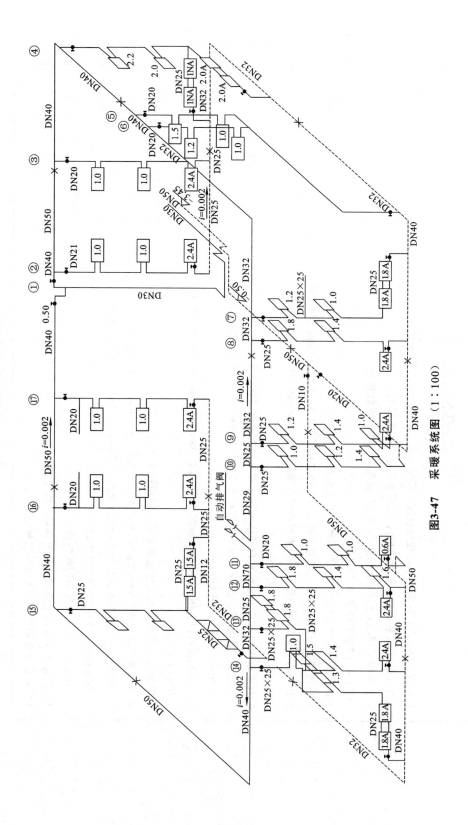

图3-47 采暖系统图 (1:100)

采暖设计说明

1. 热媒为60~80 ℃低温热水，连续供暖，采暖系统形式为垂直单直管顺流式。

2. 本工程采暖系统热负荷为80 kW，采暖系统阻力损失15 kPa。

3. 散热器采用GLCR-S-6型和GLCR-S-3型制高频焊翅片管散热器。

GLCR-S-3型散热器用 "A" 表示。

4. 采暖管采用焊接钢管，管道连接为：DN>32 mm时焊接，DN≤32 mm丝扣连接。散热器的连接管应设 "乙" 字弯，其支管应有坡度。

5. 地沟内管道刷两遍樟丹后，用岩棉管壳保温，厚为40 mm，外缠一层塑料薄膜，两层玻璃丝布，刷两遍沥青。

6. 管道系统的最高点应配置自动排气阀。

7. 采暖系统阀门选用：DN≤40 mm时采用球阀，DN≥50 mm时采用闸阀，选用压力均为1.6 MPa。管道穿越墙壁或楼板应设钢套管，安装在墙壁内的套管，其两端应与墙面相平，安装在楼板内的套管其顶部应高出地面20 mm，底部与楼板相平。

8. 采暖系统阀门支架安装及间距详见《辽2002T901》。

9. 散热器组成后进行0.8 MPa的水压试验，应进行水压试验，试验2~3 min不渗不漏为合格。

10. 采暖系统安装完毕后，采暖系统试验压力均为0.8 MPa，10 min压力下降不大于0.02 MPa为合格。

11. 卫生间设功率为36 W的排气阀。

12. 办公室及会议室内设分体空调器，由甲方自理。

13. 未尽事宜详见国家现行有关规范。

图例

采暖供水管	——
采暖回水管	- - -
泄水丝堵	—✕—
散热器	▭ ▭
阀门	⊢
自动排气阀	▭

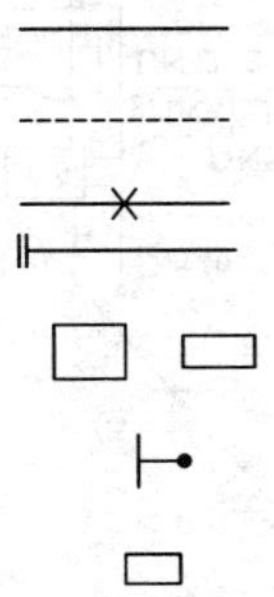

图3-48 采暖设计说明及图例

该系统采用机械循环上供下回垂直式热水采暖系统,供水温度为 80 ℃,回水温度为 60 ℃ 。

热力入口位于该办公楼北侧中部,供水引入管与回水引入管同沟敷设,均设在 1.0 m×1.5 m 的室外地沟内,引入管设计标高为−1.45 m。进入室内的供水总管在轴线左侧垂直上升至顶层楼板下,室内供水干管的设计标高均为 9.5 m,敷设于顶层楼板下。供水干管分为左、右两个环路:右环路设有 9 个立管,编号为 2~10,供水干管末端设置自动排气阀,且引入卫生间方便的地方;左环路设有 7 个立管,编号为 11~17,供水干管末端设置自动排气阀,引入卫生间方便的地方。分支环路始末及立管上下均设阀门,前者设置闸阀,后者设置球阀,自动排气阀前均应安装截止阀。

供、回水干管室内设计标高为−0.9 m,敷设在 1.0 m×1.0 m 的室内地沟内,敷设在室内外地沟内的管道均应做保温、防腐处理。供、回水干管及总立管均采用焊接钢管,管径均用公称直径 DN 表示,DN≤32 mm 时采用螺纹连接,DN≥40 mm 时采用焊接。

各层散热器与管道均采用同侧上进下出垂直式连接,个别房间散热器片数较多,采用水平串联式连接。散热器安装完毕后应进行水压试验,试验压力为 0.6 MPa。

该系统散热器选用钢制高频焊翅片管散热器,每组长度均标在平面图及系统图上,GLCR-S-3 型散热器前加"A",其余均为 GLCR-S-6 型散热器。

复习思考题

1. 简述自然循环热水采暖系统的工作原理。

2. 热水采暖系统常用的管网图示有哪些? 各有何特点?

3. 在采暖系统中采用同程式的优点是什么?

4. 简述蒸气采暖系统的工作原理及分类。

5. 钢制散热器与铸铁散热器相比,有哪些优点?

通风空调系统的安装

通风与空气调节是空气换气技术,包括通风和空气调节(简称空调)两部分。它采用某些设备对空气进行适当处理(热、湿处理和过滤净化等),通过对建筑物进行送风和排风来保证生产和生活正常进行所需要的空气环境,同时保护大气环境。

任务 **1** 通风空调系统的分类及组成

生产过程和人们日常生活中产生的有害气体、蒸气、尘灰、余热,使室内空气质量变坏,建筑通风空调系统是保证室内空气质量、保障人体健康的重要设施。

通风系统是把室内被污染的空气直接或经过净化排到室外,把室外新鲜空气或经过净化的空气补充进来,单纯的通风一般只对空气进行净化和加热方面的处理。空气调节是采用人工方法,通过对空气进行处理(过滤、加热或冷却、加湿或除湿等),创造和保持满足室内恒温、恒湿、高清洁度和一定的气流速度的室内生产和生活环境。

一、通风系统的分类及组成

通风系统的任务是把室内被污染的空气直接或进行净化后排至室外,把室外新鲜空气或经过净化的空气补充进来,以保持室内的空气环境满足卫生标准和生产工艺的要求。

1. 通风系统的分类

通风系统主要由 3 种分类方法。

(1) 按照通风系统处理房间空气方式的不同,通风系统可分为送风系统和排风系统。送风是将室外新鲜空气送入房间,以改善空气质量;排风是将房间内被污染的空气(有害气体、粉尘、余热和余湿等)直接或进行有效处理后排出室内。

(2) 按照通风动力的不同,通风系统可分为自然通风系统和机械通风系统。

自然通风不消耗机械动力,是一种经济的通风方式,是依靠室外风力造成的风压和室内外空气温度差所造成的热压使空气流动的。热压作用下的自然通风如图4-1所示。机械通风是依靠风机造成的压力使空气流动的。风压作用下的自然通风如图4-2所示。

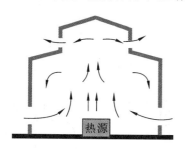

图4-1　热压作用下的自然通风

图4-2　风压作用下的自然通风

自然通风是依靠室外风力造成的风压和室内外空气温度差所造成的热压使空气流动来达到交换室内外空气的目的的。自然通风可分为有组织自然通风和无组织自然通风两类。

(3) 按照通风作用范围的不同,通风系统可分为全面通风系统和局部通风系统。

全面通风又称为稀释通风,它一方面用清洁空气稀释室内空气中的有害物浓度;另一方面不断把污染空气排至室外,使室内空气中的有害物浓度不超过卫生标准规定的最高允许浓度。全面机械通风系统如图4-3所示。

局部通风系统分为局部送风系统和局部排风系统两大类,它们都是利用局部气流使局部工作地点不受有害物的污染,形成良好的空气环境,如图4-4所示。

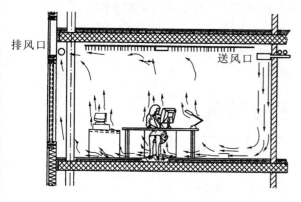

图4-3　全面机械通风系统

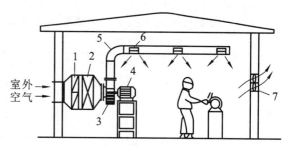

图4-4　局部送、排风系统

1—空气过滤器;2—空气加热器;3—风机;

4—电动机;5—风管;6—送风口;7—轴流式通风机

2. 通风系统的组成

通风系统一般包括风管、风管部件、配件、风机及空气处理设备等。

(1) 自然通风系统。自然通风具有不消耗能量、结构简单、不需要复杂装置和专人管理等优点,是一种条件允许时应优先采用的经济的通风方式;缺点是由于自然通风的作用压力比较小,热压和风压受到自然条件的限制,其通风量难以控制,通风效果不稳定。因此,在一些对通风要求较高的场合,自然通风难以满足卫生要求,这时需要设置机械通风系统。

(2)全面通风系统。全面通风是对整个控制空间进行通风换气,从而使整个控制空间的空气品质达到允许的标准,同时将室内被污染的空气直接或进行净化后排到室外。全面通风分为全面送风和全面排风,可同时或单独使用。单独使用时需要与自然进、排风方式相结合。全面机械送风、自然排风系统如图 4-5 所示。

(3)局部机械排风系统。局部机械排风系统如图 4-6 所示。

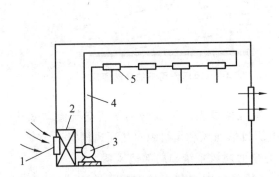

图 4-5　全面机械送风、自然排风系统

1—进风口;2—空气处理设备;
3—风机;4—风道;5—送风口

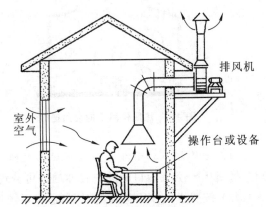

图 4-6　局部机械排风系统

① 吸风口:将被污染的空气吸入排风管道内,其形式有吸风罩、吸风口、吹吸罩等。

② 排风管道及管件:用于输送被污染的空气。

③ 风帽:将被污染的空气排入大气中,防止空气倒灌或防止雨水灌入管道部件。

④ 空气净化处理设备:对超过国家规定卫生许可标准的被污染空气在排放前进行净化处理,常用的有除尘器、吸收塔等。该设备根据排放的污染物浓度不同,可设可不设。

(4)局部机械送风系统。局部机械送风系统如图 4-7 所示。

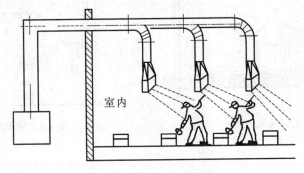

图 4-7　局部机械送风系统

室外新鲜空气通过进风口进入,经空气净化处理设备、送风机、送风管道、送风口送到局部通风地点,以改善工作人员操作区的局部空气环境。该系统适用于空间面积大,工作地点比较固定,操作人员分散、稀少的场合。

二、空调系统的分类及组成

空气调节是指对空气温度、湿度、空气流动速度及清洁度进行人工调节,以满足人体舒适和工艺生产过程的要求。

1. 空调系统的分类

空调系统的分类方法很多,通常可以采用以下几种方法进行分类。

1) 按室内环境的要求分类

(1) 恒温恒湿空调系统。在生产过程中,为了保证产品质量,空调房间内的空气温度和相对湿度要求保持在一定范围内。如机械精密加工车间、计量室等。

(2) 一般空调系统。在某些公共建筑物内,将房间内的空气温度和湿度控制在一定范围内,在此期间,房间内的温、湿度会随着室外气温的变化而在允许的范围内变化。

(3) 净化空调系统。在生产工程中,某些生产工艺要求房间不仅保持一定的温、湿度,还需要有一定的洁净度。如电子工业精密仪器生产加工车间、制药车间等。

2) 按空气处理设备的集中程度分类

(1) 集中式空调系统。集中式空调系统是指空气处理设备集中放置在空调机房内,空气经过处理后,经风道输送和分配到各个空调房间。

集中式空调系统可以严格地控制室内温度和相对湿度;可以进行理想的气流分布;可以对室外空气进行过滤处理,满足室内空气洁净度的不同要求;空调风道系统复杂,布置困难,而且空调各房间被风管连通,当发生火灾时会通过风管迅速蔓延。

对于大空间公共建筑物的空调设计,如商场,可以采用这种空调系统。

(2) 分散式空调系统。分散式空调系统是指把空气处理所需的冷热源、空气处理设备和风机整体组装起来,直接放置在被调房间内或被调房间附近,控制一个或几个房间的空调系统。

分散式空调系统布置灵活,各空调房间可根据需要启停;各空调房间之间不会相互影响;室内空气品质较差;气流组织困难。

(3) 半集中式空调系统。半集中式空调系统是指空调机房集中处理部分或全部风量,然后送往各房间,由分散在各被调房间内的二次设备(又称为末端装置)再进行处理的系统。

半集中式空调系统可根据各空调房间负荷情况自行调节,只需要新风机房,机房面积较小;当末端装置和新风机组联合使用时,新风风量较小,风管较小,利于空间布置;对室内温、湿度要求严格时,难于满足;水系统复杂,易漏水。

对于层高较低又主要由小面积房间构成的建筑物的空调设计,如办公楼、旅馆饭店,可以采用这种空调系统。

3) 按负担室内负荷所用的介质分类

(1) 全空气系统。全空气系统是指室内的空调负荷全部由经过处理的空气来负担的空调系统。集中式空调系统就属于全空气系统。

由于空气的比热容较小,需要用较多的空气才能消除室内的余热、余湿,因此这种空调系统需要有较大断面的风道,占用的建筑空间较多。

(2) 全水系统。全水系统是指室内的空调负荷全部由经过处理的水来负担的空调系统。

由于水的比热容比空气大得多,因此在相同的空调负荷情况下,所需的水量较小,可以解决全空气系统占用建筑空间较多的问题,但不能解决房间通风换气的问题,因此不单独采用这种系统。

(3)空气-水系统。空气-水系统是指室内的空调负荷全部由空气和水共同来负担的空调系统。风机盘管加新风的半集中式空调系统就属于空气-水系统。这种系统实际上是前两种空调系统的组合,既可以减少风道占用的建筑空间,又能保证满足室内的新风换气要求。

(4)制冷剂系统。制冷剂系统是指由制冷剂直接作为负担室内空调负荷介质的空调系统。窗式空调器、分体式空调器就属于制冷剂系统。

这种系统是把制冷系统的蒸发器直接放在室内来吸收室内的余热、余湿,通常用于分散安装的局部空调机组。由于制冷剂不宜长距离输送,因此不宜作为集中式空调系统来使用。

4)按处理空气的来源分类

(1)全新风系统。这类系统所处理的空气全部来自室外新鲜空气,经集中处理后送入室内,然后排出室外。它主要应用于空调房间内产生有害气体或有害物而不允许利用回风的场合。

(2)混合式系统。这类系统所处理的空气一部分来自室外新风,另一部分来自空调房间的回风,其主要目的是节省能量。

(3)封闭式系统。这类系统所处理的空气全部来自空调房间本身,其经济性好,但卫生效果差,因此这类系统主要用于无人员停留的密闭空间。

5)按风管内空气流速分类

(1)低速空调系统。工业建筑主风道风速小于 15 m/s,民用建筑主风道风速小于 10 m/s。按设计规范,一般民用建筑的舒适性空调采用的低速系统风管内风速不宜大于 8 m/s。

(2)高速空调系统。工业建筑主风道风速大于 15 m/s,民用建筑主风道风速大于 12 m/s。这类系统噪声大,应设置相应的防治措施。

2. 空调系统的组成

如图 4-8 所示,完整的空调系统通常由以下几个部分组成:空调房间、空气处理设备、空气输送设备、冷热源及自控调节装置等。

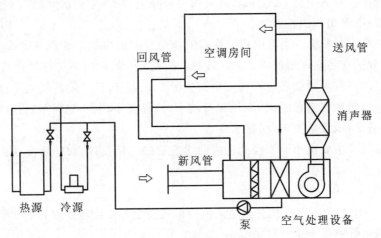

图 4-8　空调系统原理图

空调房间:空调房间可以是封闭式的,也可以是敞开式的;可以由一个房间或多个房间组成,也可以是一个房间的一部分。

空气处理设备:空气处理设备是由过滤器、表面式空气冷却器、空气加热器、空气加湿器等空气热湿处理和净化设备组合在一起的,是空调系统的核心,室内空气与室外新鲜空气被送到这里进行热湿处理与净化,达到要求的温度、湿度等空气状态参数后,再被送回室内。

空气输送设备:由风机(送、排风机)、风口(送、排、回风口)、风管道(送、排、回风管)及其部件等组成。它把经过处理的空气送至空调房间,将室内的空气送至空气处理设备进行处理或排出室外。

冷热源:空气处理设备的冷源和热源。夏季降温用冷源一般用制冷机组,在有条件的地方也可以用深井水作为自然冷源。空调加热或冬季加热用热源可以是蒸气锅炉、热水锅炉、热泵等。

(1)分散式空调系统。分散式空调系统如图 4-9 所示,又称为局部式空调系统,该系统由空气处理设备、风机、制冷设备、温控装置等组成,这些设备集中安装在一个壳体内,由厂家集中生产、现场安装。该系统基本无风道,适用于用户分散、负荷小、距离远的场合。常用的有窗式空调器(见图 4-10)、分体壁挂式空调器(见图 4-11)、立柜式空调机组等。

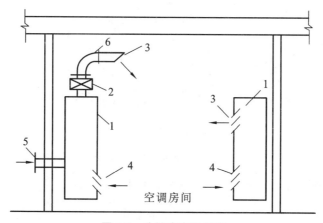

图 4-9 分散式空调系统

1—空调机组;2—电加热器;3—送风口;4—回风口;5—新风口;6—送风管道

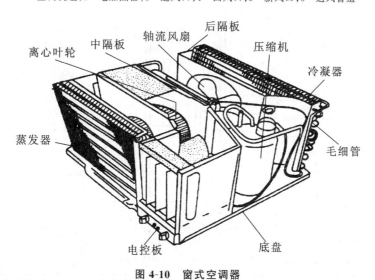

图 4-10 窗式空调器

(2)集中式空调系统。集中式空调系统的特点是系统中的所有空气处理设备,包括风机、冷却器、加热器、加湿器、过滤器等都设置在一个集中的空调机房里,而空气处理所需的冷、热源由

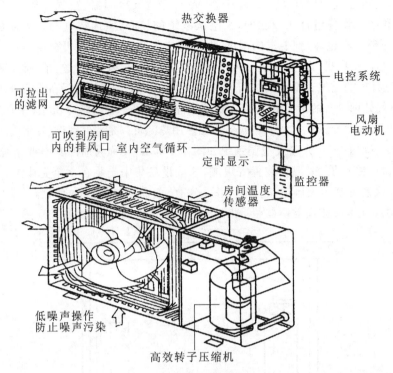

图 4-11　分体壁挂式空调器

集中设置的冷冻站、锅炉或热交换站供给,其组成如图 4-12 所示。

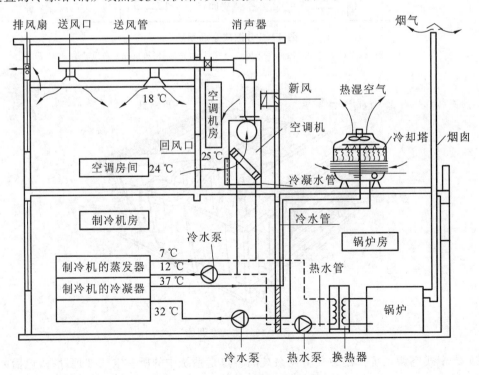

图 4-12　集中式空调系统示意图

集中式空调系统又可分为单风道系统和双风道系统。

① 单风道系统:适用于空调房间较大或各房间负荷变化情况类似的场合,如办公大楼、剧场等。该系统主要由集中设置的空气处理设备、风机、风道、阀部件、送风口、回风口等组成。常用的有封闭式、直流式和混合式 3 类,如图 4-13 所示。

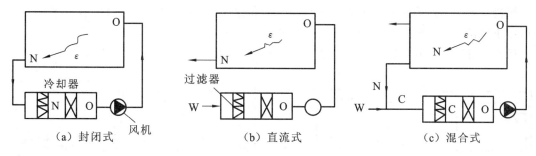

（a）封闭式　　　　　　　　　（b）直流式　　　　　　　　　（c）混合式

图 4-13　单风道系统的 3 种形式

② 双风道系统:由集中设置的空气处理设备、送风机、热风道、冷风道、阀部件及其混合箱、温控装置等组成。冷热风分别送入混合箱,通过室温调节器控制冷热风混合比例,从而保证各房间温度能独立控制。该系统尤其适合负荷变化不同或温度要求不同的用户。其缺点是初投资大、运行费用高、风道断面占用空间大、难于布置。

（3）半集中式空调系统。集中式空调系统由于具有系统大、风道粗、占用建筑面积和空间较多、系统的灵活性差等缺点,在许多民用建筑,特别是高层民用建筑的应用中受到限制。半集中式空调系统就是在结合集中式空调系统的优点、改进其缺点的基础上发展起来的,主要形式有风机盘管加新风系统和诱导式空调系统。

① 风机盘管加新风系统。它也属于空气-水系统,它由风机盘管机组和新风系统两部分组成。风机盘管设置在空调系统内作为系统的末端装置,将流过机组盘管的室内循环空气冷却、加热后送入室内;新风系统是为了保证人体健康的卫生要求,给房间补充一定的新鲜空气。通常室外新风经过处理后被送入空调房间。风机盘管加新风系统示意图如图 4-14 所示。

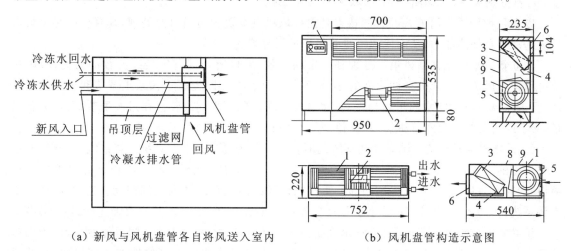

（a）新风与风机盘管各自将风送入室内　　　　（b）风机盘管构造示意图

图 4-14　风机盘管加新风系统示意图

1—风机;2—电动机;3—盘管;4—凝结水盘;5—循环风进口及过滤器;6—出风格栅;7—控制器;8—吸声材料;9—箱体

从风机盘管的结构特点来看,它的主要优点是布置灵活,各房间可独立地通过风量、水量(或水温)的调节改变室内的温湿度,房间不住人时可方便地关闭风机盘管机组而不影响其他房间,从而比较节省运转费用。此外,房间之间空气互不串通,又因风机多挡变速,在冷量上能由使用者直接进行一定的调节。

风机盘管加新风系统具有半集中式空调系统和空气-水系统的特点。目前这种系统已被广泛应用于宾馆、办公楼、公寓等商用或民用建筑中。

风机盘管机组的新风供给方式主要有以下几种,如图 4-15 所示。

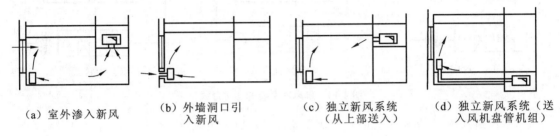

（a）室外渗入新风　　（b）外墙洞口引　　（c）独立新风系统　　（d）独立新风系统（送
　　　　　　　　　　　　　　入新风　　　　　　（从上部送入）　　　　入风机盘管机组）

图 4-15　风机盘管机组的新风供给方式

a. 室外渗入新风,如图 4-15(a)所示。

这种新风供给方式是靠设在室内卫生间、浴室等处的机械排风,在房间内形成负压,使室外新鲜空气渗入室内。这种方法比较经济,但室内卫生条件不易保证。受无组织渗风的影响,室内温度分布不均匀。

b. 外墙洞口引入新风,如图 4-15(b)所示。

这种新风供给方式是把风机盘管设置在外墙窗台下,立式明装,在盘管机组背后的墙上开洞,把室外新风吸入机组内。这种方式能保证室内要求的新风量,也可通过安装在新风管上的阀门调节新风,但运行管理麻烦,且新风口还会破坏建筑立面,增加污染和噪声,因此适用于要求不高的场合。

c. 独立新风系统,如图 4-15(c)和图 4-15(d)所示。

以上两种新风供给方式的共同特点是需要风机盘管负担对新风的处理,盘管机组必须具有较大的冷却和加热能力,从而使风机盘管机组的尺寸增大。

独立新风系统是把新风集中处理到一定的参数,根据所处理空气最终参数的情况,新风系统可承担新风负荷和部分空调房间的冷、热负荷。这种方式既提高了该系统调节和运转的灵活性,且进入风机盘管的水温可适当提高,水管的结露现象可得到改善。在过渡季节,可增大新风量,必要时可关掉风机盘管机组,单独使用新风系统。

② 诱导式空调系统。诱导期间新风的混合系统称为诱导式空调系统。该系统中,新风通过集中设置的空气处理设备处理,经风道送入设置于空调房间的诱导器中,再由诱导器喷嘴高速喷出,同时吸入房间内空气,将这两部分空气在诱导期内混合后送入空调房间。空气-水诱导式空调系统,可通入冷、热水,对诱导进入的二次风进行冷、热处理。冷、热水可通过冷、热源提供。

诱导式空调系统的优点是:节省建筑面积和空间;房间之间交叉污染的可能性小;用于有爆炸危险的气体或粉尘的房间不会有危险。缺点是:对空气净化要求高的地方不宜使用;对节能不利;喷嘴处风速高时可能产生噪声;管路复杂,施工不便。

任务 2 通风空调管道的制作与安装

随着生产力的逐渐发展、经济水平的不断提高,人们对生产和生活的环境要求越来越高,很多公共建筑都安装了通风与空调系统,甚至越来越多的家庭加入了安装中央空调系统的行列。而从前面的学习中可以了解到,建筑通风空调系统相对于给水排水系统来说是比较复杂的。但是,当我们不经意地抬头时却从没发现此系统的安装影响到了建筑物的美感。到底,这个庞大的系统是如何安装的?

一、通风空调管道的制作

建筑通风空调管道及阀门大多是根据工程需要现场加工制作的。因此,可根据工程的实际要求加工成圆形和矩形。

1. 通风空调工程常用材料

1) 板材

通风工程中常用的板材有金属板材和非金属板材两大类。其中,金属板材有普通钢板、镀锌钢板、不锈钢、铝板等。一般的通风空调管道可采用 0.5~1.5 mm 厚的钢板,在有防腐及防火要求的场合可选用不锈钢和铝板。非金属板材有塑料复合钢板(在普通钢板表面喷涂 0.2~0.4 mm 厚的塑料层,用于防腐要求高的空调系统,连接方式只能是咬口和铆接)、塑料板、玻璃钢等。塑料板因其光洁、耐腐蚀优势,常用于洁净空调系统中。玻璃钢板材耐腐蚀、强度好,常用于带有腐蚀性气体的通风系统中。

风管系统按其压力可分为 3 个类别,类别划分如表 4-1 所示。根据系统类别和应用场合,应选用不同厚度的板材。常用板材厚度选用情况如表 4-2 至表 4-7 所示。

表 4-1　风管系统类别划分

系 统 类 别	系统工作压力 p/kPa	密 封 要 求
低压系统	$p \leqslant 0.5$	接缝和接管连接处严密
中压系统	$0.5 < p \leqslant 1.5$	接缝和接管连接处增加密封措施
高压系统	$p > 1.5$	在所有的拼接缝和接管连接处均采用密封措施

表 4-2　普通钢板通风管道及配件的板材厚度

圆形风管直径 D/mm 或矩形风管大边长尺寸 b/mm	厚度/mm			
	圆形风管	矩形风管		除尘系统风管
		中、低压系统	高压系统	
$D(b) \leqslant 320$	0.5	0.5	0.75	1.5

圆形风管直径 D/mm 或 矩形风管大边长尺寸 b/mm	厚度/mm			
	圆形风管	矩形风管		除尘系统风管
		中、低压系统	高压系统	
$320 < D(b) \leqslant 450$	0.6	0.6	0.75	1.5
$450 < D(b) \leqslant 630$	0.75	0.6	0.75	2.0
$630 < D(b) \leqslant 1\,000$	0.75	0.75	1.0	2.0
$1\,000 < D(b) \leqslant 1\,250$	1.0	1.0	1.0	2.0
$1\,250 < D(b) \leqslant 2\,000$	1.2	1.0	1.2	按设计
$2\,000 < D(b) \leqslant 4\,000$	按设计	1.2	按设计	按设计

注:(1) 螺旋风管的钢板厚度可适当减少 10%～15%;

(2) 排烟系统风管钢板厚度按高压系统计算;

(3) 特殊除尘风管钢板厚度应符合设计要求;

(4) 不适用于地下人防与防火隔墙的预埋管。

表 4-3 低、中、高压系统不锈钢风管板材厚度

圆形风管直径 D/mm 或 矩形风管大边长尺寸 b/mm	厚度/mm
$D(b) \leqslant 500$	0.5
$500 < D(b) \leqslant 1\,120$	0.75
$1\,120 < D(b) \leqslant 2\,000$	1.0
$2\,000 < D(b) \leqslant 4\,000$	1.2

表 4-4 低、中压系统铝板风管板材厚度

圆形风管直径 D/mm 或 矩形风管大边长尺寸 b/mm	厚度/mm
$D(b) \leqslant 320$	1.0
$320 < D(b) \leqslant 630$	1.5
$630 < D(b) \leqslant 2\,000$	2.0
$2\,000 < D(b) \leqslant 4\,000$	按设计

表 4-5 低、中压系统有机玻璃钢风管板材厚度

圆形风管直径 D/mm 或矩形风管 大边长尺寸 b/mm	厚度/mm
$D(b) \leqslant 200$	2.5
$200 < D(b) \leqslant 400$	3.2
$400 < D(b) \leqslant 630$	4.0
$630 < D(b) \leqslant 1\,000$	4.8
$1\,000 < D(b) \leqslant 2\,000$	6.2

表 4-6 低、中压系统无机玻璃钢风管板材厚度

圆形风管直径 D/mm 或 矩形风管大边长尺寸 b/mm	厚度/mm
$D(b) \leqslant 300$	2.5～3.5
$300 < D(b) \leqslant 500$	3.5～4.5
$500 < D(b) \leqslant 1\,000$	4.5～5.5
$1\,000 < D(b) \leqslant 1\,500$	5.5～6.5
$1\,500 < D(b) \leqslant 2\,000$	6.5～7.5
$D(b) > 2\,000$	7.5～8.5

表 4-7　低、中压系统聚氯乙烯风管板材厚度

圆形风管直径 D/mm	矩形风管大边长尺寸 b/mm	厚度/mm
D≤320	b≤320	3.0
320＜D≤630	320＜b≤500	4.0
630＜D≤1 000	500＜b≤800	5.0
1 000＜D≤2 000	800＜b≤1 250	6.0
—	1 250＜b≤2 000	8.0

2）型材

通风空调工程中常用角钢、扁钢、槽钢等制作管道及设备支架、管道连接用法兰、管道加固框。

3）垫料

每节风管两端法兰接口之间要加衬垫，衬垫应具有不吸水、不透气、耐腐蚀、弹性好等特点。衬垫的厚度一般为 3～5 mm。目前，在一般通风空调系统中应用较多的垫料是橡胶板。输送烟气温度高于 70 ℃的风管，可用石棉橡胶板或石棉绳。另外，泡沫氯丁胶垫也是应用较广泛的一种衬垫材料。

2. 通风空调管道及阀部件、配件的加工制作

风管和配件广泛的制作方法是由平整的板材加工而成。从平板到成品的加工由于材质的不同、形状的异样而有各种要求，但从工艺上看，其基本工序可分为画线、剪切、折方和卷圆、连接（咬口和焊接），以及制作安装法兰。

1）画线

按照风管或配件的外形尺寸把它的面积展成平面，在平板上以实际尺寸画成展开图，这个过程称为展开画线，在工地也称为放样。展开图应留有接口余量。在风管圆周或周长方向预留咬口或焊接余量，在管节长度方向预留与法兰连接的板边余量。风管放样下料如图 4-16 所示。

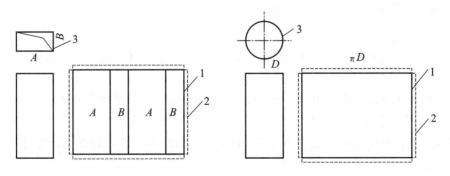

图 4-16　风管放样下料

1—展开图；2—接口余量；3—风管

风管放样下料一般在平台上进行，以每块材料的长度作为风管的长度，板材的宽度作为风

管的圆周或周长。当一块板材不够时,可用几块板材拼接起来。对于矩形风管,应当将咬口闭合缝设置在角上。矩形风管组合可采用一片法、U形二片法、L形二片法、四片法,如图 4-17 所示。

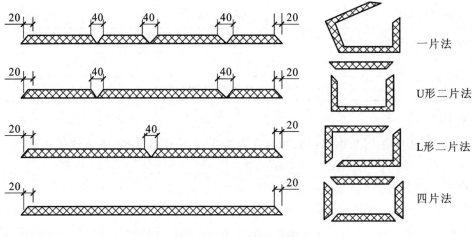

图 4-17 矩形风管放样图

2)剪切

根据板材厚度可选择不同的剪切方式。对于板材厚度在 1.2 mm 以内的钢板,可选用手工剪切,常用工具为手剪。对于板材厚度大于 1.2 mm 的钢板,可选用剪板机进行剪切,常用的剪板机有龙门剪板机、双轮剪板机、振动式曲线剪板机、电动手提式曲线剪板机等。

3)折方和卷圆

折方用于矩形风管和配件的直角成型。手工折方时,先将厚度小于 1.0 mm 的钢板放在方垫铁上打成直角,然后用硬木方尺进行修整,打出棱角,使表面平整。机械折方,则使用板边机压制折方。

制作圆形风管和配件时将平板卷圆,然后再进行闭合连接。将钉好咬口边的板材在圆垫铁或圆钢管上压弯曲,卷接成圆形,使咬口相互扣合,并把接缝打紧合实,最后再用硬木尺均匀敲打找正,使圆弧均匀成正圆。

4)连接

在通风空调工程中制作风管和各种配件时,必须对板材进行连接。按连接的目的可分为拼接、闭合接和延长接 3 种。

拼接是把两张钢板的半边相接以增大面积;闭合接是把板材卷制成风管或配件时对口缝的连接;延长接是把一段段风管连成管路系统。

连接的方法有咬口连接、铆钉连接和焊接(电焊、气焊、氩弧焊和锡焊),其中以咬口连接使用得最为广泛。

① 咬口连接。将要互相结合的两个半边折成能相互咬合的各种钩形,钩接后压紧折边。这种连接不需要用其他材料,它适用于厚度 $\delta \leqslant 1.2$ mm 的薄钢板,也可用于 $\delta \leqslant 1.0$ mm 的不锈钢板和 $\delta \leqslant 1.5$ mm 的铝板。各种咬合形式如图 4-18 所示。常用咬合适用范围如表 4-8 所示。

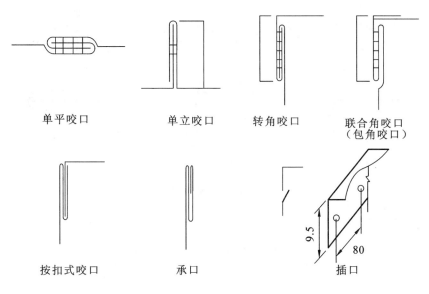

图 4-18　各种咬口形式

表 4-8　常用咬口适用范围

名　　称	适　用　范　围
单平咬口	用于板材的拼接和圆形风管的闭合缝
单立咬口	用于圆形风管的环向接缝
转角咬口	用于矩形风管的纵向接缝和矩形弯管、三通的转角缝的连接
联合角咬口	用于矩形风管的纵向接缝和矩形弯管、三通的转角缝的连接
按扣式咬口	用于矩形风管的转角闭合缝

咬口的加工过程主要是折边(咬口成型)和咬口相搭接后的压实。要求折边宽度一致,平直均匀,以保证咬口的牢固紧密、不透风。加工咬口可通过手工或机械加工。

手工咬口:制作咬口的手工工具比较简单,在折边和压实过程中都采用木方打板和木槌,以免使板面受损。机械咬口:常用的有直线多轮咬口机、圆珠笔形弯头联合咬口机、矩形弯头咬口机、按扣式咬口机和咬口压实机等。咬口机一般适用于厚度在 1.2 mm 以内的钢板,其主要过程是:由电动机驱动,通过齿轮减速,带动固定在设备上的多对带不同槽型的滚轮旋转,把钢板边插入槽间折压变形,由浅到深、循序渐变,将其加工成为所要的各种咬口形式。

② 铆钉连接。铆钉连接简称铆接,将要连接的板材板边搭接,用铆钉穿连铆合在一起。在通风工程中板与板的连接已很少使用铆接,但广泛应用于风管与角钢法兰之间的固定连接。当管壁厚度 $\delta \leqslant 1.5$ mm 时,采用翻边铆接。

③ 焊接。焊接在通风工程中也使用得较为广泛,一般采用电焊、气焊和锡焊、氩弧焊。它适用于厚度 $\delta > 1.0$ mm 的不锈钢板、厚度 $\delta > 1.5$ mm 的铝板。根据材质及部位不同,可采用不同的焊缝形式,如图 4-19 所示。

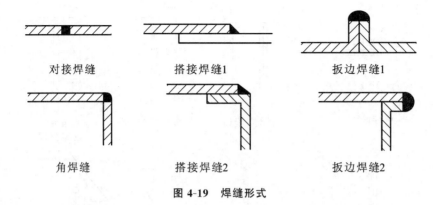

对接焊缝　　　　　搭接焊缝1　　　　　扳边焊缝1

角焊缝　　　　　搭接焊缝2　　　　　扳边焊缝2

图 4-19　焊缝形式

各种板材适用的焊接方法如表 4-9 所示。

表 4-9　各种板材适用的焊接方法

焊 接 方 法	适 用 范 围
电焊	$\delta>1.2$ mm 的钢板,风管与法兰之间
气焊	0.8 mm$<\delta<$3.0 mm 的钢板,$\delta>1.5$ mm 的铝板
氩弧焊	3 mm 以下不锈钢和铝板
锡焊	用于咬口连接的密封

5)制作安装法兰

法兰主要用于风管之间和风管与部件、配件之间的延长连接,对于直段风管,法兰还能起加强作用。常用的是扁钢法兰和等边角钢法兰。圆形风管法兰加工顺序为:下料→卷圆→找平→钻孔。

此外,通风管道安装过程还有加固过程。按需加强风管的边长用砂轮切割机下料,切断镀锌管。在镀锌管两端,各放入 60 mm 的长圆木条。用夹钳将圆木条固定在镀锌管两端,按设计要求用钢尺在风管面确定加强点。将镀锌管插入风管内,在两端各垫一块圆垫片,将镀锌管置于圆垫片的中心并对准加强点。在风管外加强点上放置一片圆垫片和一片密封垫圈,并将圆垫片、密封垫圈的中心点对准加强点。用自攻螺钉穿过密封垫圈、圆垫片,并从加强点穿过风管板材,穿过内置圆垫片,拧紧在圆木条内。检查加强杆是否安装牢固、平直,螺钉是否拧紧。在要求严格的地方,可用全丝螺杆加固。

二、通风空调管道的安装

风管的安装应与土建专业及其他相关工艺设备专业的施工配合进行。

(1)一般送、排风系统和空调系统的安装,需在建筑物的顶面做完、安装部位的障碍物已基本清理干净的条件下进行。

(2)空气洁净系统的安装,需在建筑内部有关部位的地面干净、墙面已抹灰、室内无大面积扬灰的情况下进行。

在安装前应对设备和加工成品进行检查。

（1）加工成品的出厂合格证有清单。

（2）风管配件有无损坏及遗失，各种阀门、风口等部件的调节装置、开关是否灵活，保温层、油漆层是否损伤。

（3）金属空调器、除尘器、热交换器、消声器、静压箱、风机盘管、诱导器和通风机等设备的技术文件是否齐全，核对型号、外形尺寸、性能标注等是否与设计要求一致，可动部分是否灵活，接口法兰是否平整，内外有无锈蚀、开焊、松动、破损等现象。

安装前应对施工现场进行如下检查。

（1）预留孔洞、支架、设备基础位置、方向及尺寸是否正确。

（2）安装场地是否清理干净、安全无碍。安装机具是否齐备。

（3）本系统的安装同其他专业工程的管线有无相碰之处。

安装工作开始前，还需要进行现场测绘，绘制安装简图。

现场测绘师根据设计，在安装地点测绘管路和设备器具的实际位置、距离尺寸及角度，安装简图是以施工图中的平立图、系统图为依据的，结合现场具体条件，画出通风系统的单线图，标出安装距离及各部尺寸。

风管及部件安装工艺流程如图 4-20 所示。

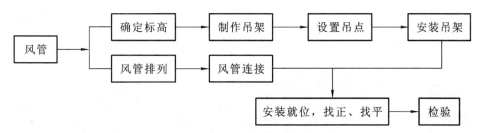

图 4-20　风管及部件安装工艺流程

1. 风管支架制作安装

风管一般都是沿屋内楼板、靠墙或柱子敷设的，有的主管设在技术层，需要各种形式的支架将风管固定支撑在一定的空间位置，风管支架的形式基本和钢管支架类似，有吊架、托架和立管卡等。

支架应在风管吊装前，先栽固在建筑结构上，最好采用膨胀螺栓法安装，这样可以边做支架边安装风管，如采用灌浆法，需待混凝土达到强度以后方可使用。

风管支架根据风管质量和现场情况，可用扁钢、角钢或槽钢制作，吊筋用 ϕ10 圆钢。

不承重的管箍，可采用镀锌钢板的边角料加工制作。各种风管支架形式如图 4-21 所示。

风管支架安装注意事项如下。

（1）按风管的中心线找出吊杆安装位置（吊点的位置根据风管中心线对称设置，间距按表 4-10 选取），单吊杆安装在风管的中心线上，双吊杆可按托架的螺孔间距或风管的中心线对称安装。吊杆与吊件应进行安全可靠的固定，焊接后的部位应补刷油漆。

（2）安装立管管卡时，应先把最上面的一个管件固定好，再用线坠在中心处吊线，即可对下面的风管进行固定。

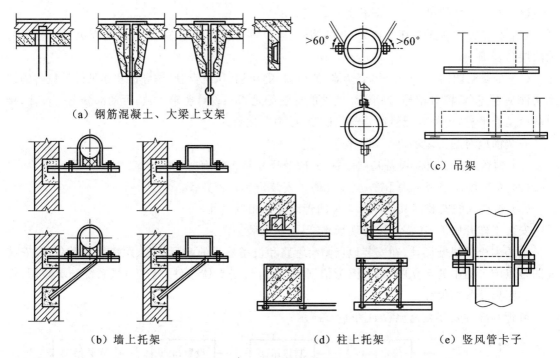

（a）钢筋混凝土、大梁上支架

（c）吊架

（b）墙上托架　　　　　（d）柱上托架　　　（e）竖风管卡子

图 4-21　各种风管支架形式

表 4-10　吊点位置选取

矩形风管长边或圆形风管直径	水平风管间距		垂直风管间距		最少吊架数
	规范、标准	企业标准	规范、标准	企业标准	
≤400 mm	不大于 4 m	不大于 3 m	不大于 4 m	不大于 3.5 m	2 副
>400 mm、≤1 000 mm	不大于 3 m	不大于 2.5 m	不大于 3.5 m	不大于 3 m	2 副
>1 000 mm	不大于 2 m	不大于 2 m	不大于 2 m	不大于 2 m	2 副

（3）当风管较长要安装成排支架时,先把两端安好,然后以两端的支架为基准,用拉线法找出中间各支架的标高进行安装。

（4）支架、吊架不得设在风口、阀门、检查门及自控机构处,离风口或插接管的距离不宜小于200 mm。

（5）抱箍支架、折角应平直,抱箍应紧贴并抱紧风管。安装在支架上的圆形风管应设托座和抱箍,其圆弧应均匀,且与风管外径相一致。

（6）保温风管的支架、吊架装置宜放在保温层外部,保温风管不得与支架、吊架直接接触,应垫上坚固的隔热防腐材料,其保温厚度与保温层相同,防止产生"冷桥"。

2. 风管间的连接

风管最主要的连接方式是法兰连接,但除此之外还可采用无法兰连接的形式,即抱箍式无法兰连接、承插式无法兰连接、插条式无法兰连接。

（1）法兰连接。风管与扁钢法兰之间的连接可采用翻边连接。风管与角钢法兰之间的连接,管壁厚度不大于 1.5 mm 时,可采用翻边铆接;管壁厚度大于 1.5 mm 时,可采用翻边点焊或周边满焊。法兰盘与风管的连接如图 4-22 所示。

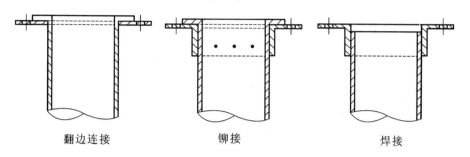

翻边连接　　　　　　　铆接　　　　　　　焊接

图 4-22　法兰盘与风管的连接

风管由于受材料限制,每段长度均在 2 m 以内,故工程中法兰的数量非常大,密封垫及螺栓的数量也非常大。法兰连接工程中耗钢量大,工程投资大。

（2）无法兰连接。无法兰连接改进了法兰连接耗钢量大的缺点,可大大降低工程造价。其中,抱箍式无法兰连接主要用于钢板圆形风管和螺旋风管的连接。先把每一管段的两端轧制出鼓筋,并使其一端缩为小口,安装时按气流方向把小口插入大口,外面用钢制抱箍将两个管段的鼓筋抱紧连接,最后用螺栓固定拧紧。承插式无法兰连接主要用于矩形或圆形风管的连接。先制作连接管,然后插入两侧风管,再用自攻螺钉或拉铆钉将其紧密固定。插条式无法兰连接主要用于矩形风管的连接。将不同形式的插条插入风管两端,然后压实。

3. 风管的加固

对于管径较大的风管,为了使其断面不变形,同时减少由于管壁振动而产生的噪声,需要对管壁加固。金属板材圆形风管(不包括螺旋风管)直径大于 800 mm,且其管段长度大于 1 250 mm 或总表面积大于 4 m² 时,需加固;矩形不保温风管边长不小于 630 mm,保温风管边长不小于 800 mm,管段法兰间距大于 1 250 mm 时,均应采取加固措施;非规则椭圆形风管的加固,参照矩形风管执行;硬聚氯乙烯风管的管径或边长大于 500 mm 时,风管与法兰的连接处应设加强板,且间距不得大于 450 mm;玻璃风管边长大于 900 mm,且管段长度大于 1 250 mm 时,应采取加固措施。风管加固可采用以下几种方法,如图 4-23 所示。

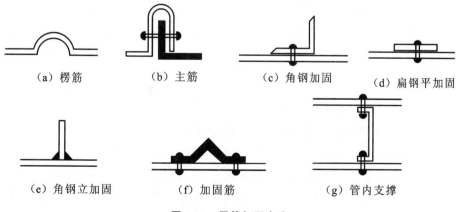

（a）楞筋　　　　（b）主筋　　　　（c）角钢加固　　　　（d）扁钢平加固

（e）角钢立加固　　　（f）加固筋　　　（g）管内支撑

图 4-23　风管加固方法

4. 风管安装要求

(1) 风管穿墙、楼板时应设预埋管或防护套管。钢套管板材厚度不小于 1.6 mm,高出楼面大于 20 mm,套管内径应以能穿过风管法兰及保温层为准。需要封闭的防火、防爆墙体或楼板套管内,应用不燃且对人体无害的柔性材料封堵。

(2) 钢板风管安装完毕后需除锈、刷漆,若为保温风管,只刷防锈漆,不刷面漆。

(3) 风管穿屋面应做防雨罩,具体做法如图 4-24 所示。

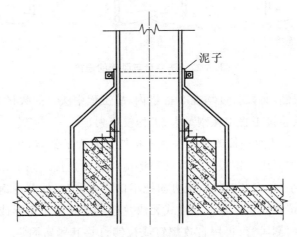

图 4-24 防雨罩做法

(4) 风管穿出屋面高度超过 1.5 m 时,应设拉索。拉索用镀锌铁丝制成,并且不少于 3 根。拉索不应落在避雷针或避雷网上。

(5) 聚氯乙烯风管直管段连续长度大于 20 m 时,应按设计要求设置伸缩节。

5. 洁净空调系统风管的安装

(1) 风管安装前对施工现场彻底清扫,做到无产尘作业,并采取有效的防尘措施。

(2) 风管连接处必须严密;法兰垫料应采用不产尘和不易老化的弹性材料,严禁在垫料表面刷涂料;法兰密封垫应尽量减少接头,接头采用阶梯或企口形式。

(3) 经清洗干净并包装密封的风管及部件,安装前不得拆除。如安装中间停顿,应将端口重新封好。

(4) 风管与洁净室吊顶、隔墙等围护结构的穿越处应严密,可设密封填料或密封胶,不得有渗漏现象发生。

6. 风管的检测

风管安装完成后,必须通过工艺性的检测或验证,合格后方能交付下道工序。风管检测以主、干管为主,其强度和严密性要求应符合设计或下列规定。

(1) 风管的强度应能满足在 1.5 倍工作压力下接缝处无开裂。

(2) 风管严密性检测方法有漏光检测和漏风量检测两种。

在加工工艺得到保证的前提下,低压系统可采用漏光检测,按系统总量的 5% 检测,且不得少于一个系统。检测不合格时,应按规定抽检率做漏风量检测。中压系统应在漏光检测合格后,进行漏风量的抽查,抽检率为 20%,且不得少于一个系统。高压系统全部进行漏风量检测。

被抽查的系统,若检测结果全部合格,则视为通过,若有不合格的,则应再加倍检查,直至全数合格。

三、通风阀部件及消声器的制作与安装

1. 阀门制作安装

阀门制作按照国家标准图集进行,并按照《通风与空调工程施工质量检验规范》的要求进行验收。阀门间的连接方式与管道一样,主要是法兰连接。通风空调工程中常用的阀门有以下几种。

(1)调节阀。如对开多叶调节阀、蝶阀、防火调节阀、三通调节阀、插板阀等;插板垂直安装时,阀板必须向上拉启;水平安装时,阀板还应顺气流方向插入。

(2)防火阀。风管防火阀如图 4-25 所示。防火阀是通风空调系统中的安全装置,对其质量要求严格,要保证在发生火情时能立即关闭,切断电流,避免火从风道中传播蔓延。通常使用的防火阀其关闭法是采用温感易熔件。当火灾发生时,气温升高,达到熔断点,易熔片熔化断开,阀板自行关闭,将系统气流切断。制作阀体板厚不应小于 2.0 mm,遇热后不能有显著变形。阀门轴承可动部分必须采用耐腐蚀材料制成,以免发生火灾时因锈蚀导致动作失灵。防火阀制成后应做漏风试验。

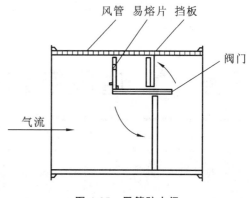

图 4-25　风管防火阀

防火阀有水平安装、垂直安装和左式、右式之分,安装时不可随意改变。阀板开启方向应为逆气流方向,不得装反。易熔件材料严禁代用,它安装在气源一侧。

(3)单向阀。单向阀可防止风机停止运转后气流倒流。安装单向阀时,开启方向要与气流方向一致。安装在水平位置和垂直位置的止回阀不可混用。

(4)圆形瓣式启动阀及旁通阀。圆形瓣式启动阀及旁通阀为离心式风机启动用阀门。安装风阀前应检查框架结构是否牢固,调节、制动、定位等装置是否准确灵活。

安装风管阀门时,应使阀件的操纵装置便于人工操作。其安装方向应与阀体外壳标注的方向一致。安装完的风管阀门,应在阀体外壳上有明显和准确的开启方向、开启程度的标志。

2. 风口安装

通风系统的风口设置在系统末端,安装在墙上或顶棚上,与风管的连接要严密牢固,边框与建筑装饰面贴实,外表面平整不变形。空调系统常用风口有百叶窗式风口、格栅风口、条缝式风口、散流器等。净化系统风口与建筑结构接缝处应加设密封填料或密封胶。

3. 软管接头安装

软管接头设在离心式通风机的出口与入口处,以减小风机的振动及噪声。一般通风空调系统的软管接头用厚帆布制成,输送腐蚀性气体时用耐酸橡胶板或厚度为 0.8～1.0 mm 的聚氯乙烯塑料布制成;空气洁净系统则用表面光滑、不易积尘和韧性良好的材料制成,如橡胶板、人造革等。软管接头长度为 150～250 mm,两端固定在法兰上,一端与风管相连,另一端与风机相接。安装时应松紧适宜,不得扭曲。

当系统风管跨越建筑物的沉降缝时,也应设置软管接头,其长度应视沉降缝的宽度适当加长。

4. 消声器安装

消声器内部设吸声材料,用于消除管道内的噪声。消声器常设置于风机进、出风管上以及产生噪声的其他空调设备处。消声器可按国家标准图集现场加工制作,也可购买成品,常用的有片式消声器、矿棉管式消声器、聚酯泡沫管式消声器、卡普龙纤维管式消声器、弧形声流式消声器、阻抗复合式消声器、消声弯头等。消声器一般单独设置支架,以便拆卸和更换。普通空调系统的消声器可不做保温,但对于恒温恒湿系统,要求较高时,消声器外壳应与风管一样做保温。

任务 3 通风空调系统常用设备的安装

一、空调设备的安装

1. 空调机组的安装

工程中常用空调机组有装配式空调机组、整体式空调机组和项目式空调机组。空调机组的安装工艺流程如图 4-26 所示。

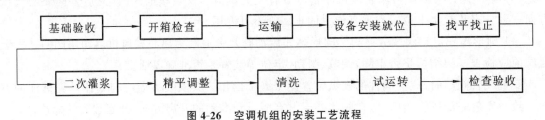

图 4-26　空调机组的安装工艺流程

1)基础验收
根据安装图对设备基础的强度、外形尺寸、坐标、标高及减振装置进行检查。

2)开箱检查
(1)开箱前检查外包装有无损坏或受潮。开箱后认真核对设备及各段的名称、规格、型号、技术条件是否符合技术要求。产品说明书、合格证、随机清单和设备技术文件应齐全。逐一检查主机附件、专用工具、备品配件等是否齐全,设备表面应无缺陷、缺损、损坏、锈蚀、受潮的现象。

(2) 取下风机段活动板或通过检查门进入,用手盘动风机叶轮,检查有无与机壳相碰、风机减振部分是否符合要求。

(3) 检查表冷器的凝结水部分是否畅通、有无渗漏,加热器及旁通阀是否严密、可靠,过滤器零部件是否齐全、滤料及过滤形式是否符合设计要求。

3) 运输

空调设备在水平运输和垂直运输之前尽可能不要开箱并保留好底座。现场水平运输时,应尽量采用车辆运输或钢管、跳板组合运输。室外垂直运输一般采用门式提升架或吊车,在机房内采用滑轮、倒链进行吊装和运输。整体设备允许的倾斜角度参照说明书。

4) 装配式空调机组安装

(1) 阀门启闭应灵活,阀叶必须垂直。表面式换热器应有合格证,在规定期间内且外表面无损伤时,安装前可不做水压试验,否则应做水压试验。试验压力为系统最高工作压力的 1.5 倍,且不低于 0.4 MPa,试验时间为 2~3 min,试验时压力不得下降。空调器内的挡水板,可阻挡喷淋处理后的空气夹带水滴进入风管内,使空调房间温度稳定。安装挡水板时前、后不得装反。要求机组清理干净,箱体内无杂物。

(2) 现场有多套空调机组,安装前将段体进行编号(切不可将段位互相调错),并按厂家说明书,分清左式、右式,段体排列顺序应与图纸吻合。

(3) 从空调机组的一端开始,逐一将段体抬上底座就位找正,加衬垫,将相邻两个段体用螺栓连接牢固严密,每连接一个段体前,均需将内部清扫干净。将组合式空调机组各功能段连接起来后,整体应平直,检查门开启要灵活,水路畅通。

(4) 加热段与相邻段体间应采用耐热材料作为垫片。

(5) 喷淋段连接处要严密、牢固可靠,喷淋段不得渗水,喷淋段的检视门不得渗水。积水槽应清理干净,保证冷凝水畅通不溢水。凝结水管应设置水封,水封高度根据机外余压确定,防止空气调节器内空气外漏或室外空气进来。

(6) 安装空气过滤器时方向应符合以下要求。

① 框式及袋式粗、中效空气过滤器的安装要便于拆卸及更换滤料。过滤器与框架间、框架与空气处理室的维护结构间应严密。

② 自动浸油过滤器的网子要清理干净,传动应灵活,过滤器间接缝要严密。

③ 卷绕式过滤器安装时,框架要平整,滤料应松紧适当,上、下筒平行。

④ 静电过滤器的安装应特别注意平稳,与风管或风机相连的部位设柔性短管,接地电阻要小于 4 Ω。

⑤ 亚高效、高效过滤器的安装应符合以下规定。按出厂标志方向搬运、存放,安置在防潮、洁净的室内。其框架端面或刀口端面应平直,其平整度允许偏差为 ±1 mm,其外框不得改动。洁净室全部安装完毕,并全面清扫擦净。系统连续试车 12 h 后,方可开箱检查,不得有变形、破损和漏胶等现象,合格后立即安装。安装时外框上的箭头与气流方向应一致。用波纹板组合的

过滤器在竖向安装时,波纹板应垂直于地面,不得反向。过滤器与框架间必须加密封填料或涂抹密封胶,厚度为 6～8 mm,定位胶贴在过滤器边框上,用梯形或榫形拼接,安装后的垫料的压缩率应大于 50％。采用硅橡胶密封时,先清除边框上的杂物和油污,在常温下挤抹硅橡胶,应饱满、均匀、平整。采用液槽密封时,槽架安装应水平,槽内保持清洁、无水迹。密封液高度宜为槽深的 2/3。现场组装的空调机组应做漏风量检测。

5) 整体式空调机组安装

(1) 安装前认真熟悉图纸、设备说明书以及有关的技术资料。检查设备零部件、附属材料及随机专用工具是否齐全,制冷设备充有保护气体时,应检查有无泄漏情况。

(2) 安装空调机组时,坐标、位置应正确。基础达到安装强度。基础表面应平整,一般应高出地面 100～150 mm。

(3) 空调机组加减振装置时,应严格按设计要求的减振器型号、数量和位置进行安装并找平找正。

(4) 水冷式空调机组的冷却水系统、蒸气、热水管道及电气、动力与控制线路的安装工应持证上岗。充注冷冻剂和调试应由制冷专业人员按产品说明书的要求进行。

6) 项目式空调机组安装

(1) 分体式室外机组和风冷整体式机组的安装。安装位置应正确,目测呈水平,凝结水的排放应畅通。周边间隙应满足冷却风的循环。制冷剂管道连接应严密无渗漏。穿过的墙孔必须密封,雨水不得渗入。

(2) 水冷柜式空调机组的安装。安装时其四周要留有足够的空间,方能满足冷却水管道连接和维修保养的要求。机组安装应平稳。冷却水管连接应严密,不得有渗漏现象,应按设计要求设有排水坡度。

(3) 窗式空调器的安装。其支架的固定必须牢靠。应设有遮阳、防雨措施,但注意不得妨碍冷凝器的排风。安装时其凝结水盘应有坡度,出水口设在水盘最低处,应将凝结水从出口用软塑料管引至排放地。安装后,其面板应平整,不得倾斜,用密封条将四周封闭严密。运转时应无明显的窗框振动和噪声。

2. 风机盘管及诱导器的安装

风机盘管及诱导器的安装工艺流程如图 4-27 所示。

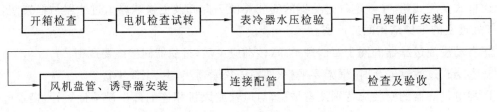

图 4-27 风机盘管及诱导器的安装工艺流程

1) 基础验收

(1) 风机安装前应根据设计图纸对设备基础进行全面调查,坐标、标高及尺寸应符合设备安装要求。

（2）风机安装前，应在基础表面铲出麻面，以使二次浇灌的混凝土或水泥能与基础紧密结合。

2）通风机检验及搬运

（1）按设备装箱清单清点，核对叶轮、机壳和其他部位的主要尺寸是否符合设计要求，做好检验记录。

（2）进、出风口的位置方向及叶轮旋转方向应符合设备技术文件的规定。

（3）检查风机外露部分应无锈蚀，转子的叶轮和轴径，齿轮的齿面和齿轮轴的轴径等装配零件、部件的重要部位无变形和锈蚀、碰损的现象。

（4）进、出风口应有盖板严密遮盖，防止尘土和杂物进入。

（5）搬运设备应有专人指挥，使用的工具及绳索必须符合安全要求。

（6）现场组装风机，绳索的捆缚不得损伤机件表面，转子、轴径和轴封等处均不应作为捆缚部位。

3）设备清洗

（1）安装风机前，应将组装配合面、滑动面轴承、转动部位及调节机构进行拆卸、清洗，使其转动灵活。

（2）用煤油或汽油清洗轴承时严禁吸烟或用火，以防发生火灾。

4）风机安装

（1）风机就位前，按设计图纸并依据建筑物的轴线、边缘线及标高线放出安装基准线。将设备基础表面的油污、泥土、杂物及地脚螺栓预留孔内的杂物清除干净。

（2）整体安装的风机，搬运和吊装的绳索不得捆绑在转子和机壳上盖或轴承盖的吊环上，风机吊至基础之后，用垫铁找平，垫铁一般应放在地脚螺栓两侧，斜垫铁必须成对使用，风机安装好后，同一组垫铁应点焊在一起，以免受力时松动。

（3）风机安装在无减振器的机座上时，应垫 4～5 mm 厚的橡胶板，找平找正后固定牢。

（4）风机安装在有减振器的机座上时，地面要平整，各组减振器承受的荷载压缩量应均匀、不偏心，安装后采取保护措施，防止损坏。

（5）通风机的机轴应保持水平，水平度偏差不应大于 0.1/10 000；风机与电动机用联轴器连接时，两轴中心线应在同一直线上，联轴器径向位移不应大于 0.025 mm，两轴线倾斜度不应大于 0.2/10 000。

（6）通风机与电动机用三角皮带传动时，应对设备进行找正，以保证电动机与通风机的轴线平行，并使两个皮带轮的中心线相重合。三角皮带扯紧程度控制在可用手敲打已装好的皮带中间，以稍有弹跳为准。

（7）安装通风机与电动机的传动皮带轮时，操作者应紧密配合，防止将手碰伤。挂皮带轮时不得把手指插入皮带轮内，以防发生事故。

（8）风机的传动装置外露部分应安装防护罩，风机的吸入口或吸入管直通大气时，应加装保护网或其他安全装置。

（9）通风机出口的接出风管应顺叶轮旋转方向接出弯管。在现场条件允许的情况下，应保证出口至弯管的距离 A 不小于风口出口长边尺寸的 2.5 倍。如果受现场条件限制达不到要求，应在弯管内设导流叶片弥补。

(10) 输送特殊介质的通风机转子和机壳内如涂有保护层,应严加保护。

(11) 对于大型组装轴流式通风机,叶轮与机壳的间隙应均匀分布,并符合设备技术文件要求。叶轮与主体风筒对应两侧的间隙之差如表 4-11 所示。

表 4-11　叶轮与主体风筒对应两侧的间隙之差(单位:mm)

叶轮直径	≤600	600~1 200	1 200~2 000	2 000~3 000	3 000~5 000	5 000~8 000	>8 000
与主体风筒对应两侧的间隙之差	≤0.5	≤1	≤1.5	≤2	≤3.5	≤5	≤6.5

(12) 通风机附属的自控设备和观测仪器、仪表的安装,应按设备技术文件的规定执行。

5) 诱导器安装前的注意事项

诱导器安装前必须逐台进行质量检查,检查项目如下。

(1) 各连接部分不得有松动、变形和破裂等情况;喷嘴不能脱落、堵塞。

(2) 静压箱封头处缝隙密封材料不能有裂痕和脱落;一次风调节阀必须灵活可靠,并调到全开位置。

(3) 诱导器水管接头方向和回风面朝向应符合设计要求。对于立式双面回风诱导器,为了利于回风,靠墙一面应留 50 mm 以上的空间。对于卧式双回风诱导器,要保证靠楼板一面留有足够空间。

二、通风机的安装

作为通风空调系统的主要设备之一的通风机,常用的型号有离心式和轴流式。按压力等级不同,离心式通风机有低压($H \leqslant 1\ 000$ Pa)、中压($1\ 000 < H \leqslant 3\ 000$ Pa)、高压($H > 3\ 000$ Pa)之分;轴流式通风机有低压($H \leqslant 500$ Pa)、高压($H > 500$ Pa)之分。本专业多用低压。

通风机型号常用以下参数表示:名称、型号、机号、传动方式、旋转方向、出风口位置。

名称即在通风机型号前冠以用途字样,也可忽略不写,或用简写字母代替。离心式通风机用途代号如表 4-12 所示。

表 4-12　离心式通风机用途代号

用　途	代　号		
	汉字	汉语拼音	简写
除尘风机	除尘	CHEN	C
输送煤粉	煤粉	MEI	M
防腐蚀	防腐	FU	F
工业炉吹风	工业炉	LU	L
耐高温	耐温	WEN	W

用　　途	代　　号		
	汉字	汉语拼音	简写
防爆	防爆	BAO	B
矿井通风	矿井	KUANG	K
锅炉引风	引风	YIN	Y
锅炉通风	锅炉	GUO	G
冷却塔通风	冷却	LENG	LE
一般通风	通风	TONG	T
特殊通风	特殊	TE	E

型号用来表示通风机的压力系数、比转数、设计序号等。如离心式通风机型号 4-72-11，压力系数为 0，4，72 表示比转数，11 表示单侧吸入、第一次设计。

通风机中机号用叶轮直径的分米数来表示，其尾数四舍五入，前面冠以符号 NO，如 NO4，表示 4 号风机，其叶轮直径为 4 dm，即 400 mm。

通风机传动方式有 6 种，如表 4-13 所示。

表 4-13　通风机传动方式

传动方式代号		A	B	C	D	E	F
传动方式	离心式通风机	直联电动机	带轮在两轴承中间	带轮在两轴承外侧	联轴器传动	两支撑带轮在外侧	双支撑联轴器传动
	轴流式通风机	直联电动机	带轮在两轴承中间	带轮在两轴承外侧	联轴器传动（有风筒）	联轴器传动（无风筒）	齿轮传动

离心式通风机传动方式及对应代号如图 4-28 所示。

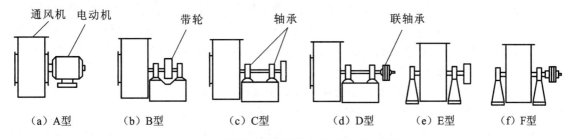

（a）A 型　　（b）B 型　　（c）C 型　　（d）D 型　　（e）E 型　　（f）F 型

图 4-28　离心式通风机传动方式及对应代号

离心式通风机根据用途、结构要求等因素，其传动方式可设计为电动机直联型（A 型）、皮带传动型（B 型、C 型、E 型、F 型）和联轴器传动型（D 型）三种。具体描述如下。

（1）电动机直联型：通风机的叶轮直接安装在电动机轴上。

（2）皮带传动型：通过皮带和皮带轮驱动的通风机，具体又分为 B 型、C 型、E 型和 F 型。

① B 型：皮带轮在两轴承中间，叶轮悬臂安装。

② C 型:皮带轮悬臂安装在轴的一端,叶轮悬臂安装在轴的另一端。

③ E 型:皮带轮悬臂安装,叶轮安装在两轴承之间。

④ F 型:叶轮安装在两轴承之间。

(3) 联轴器传动型:电动机与通风机用联轴器连接驱动。

离心式通风机出风口位置以角度表示,基本有 8 个方向,如图 4-29 所示。

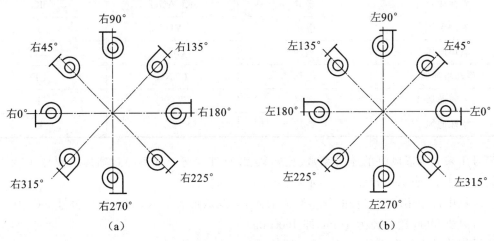

图 4-29　离心式通风机出风口位置

离心式通风机叶轮回转方向有左、右之分,从电动机一侧看,顺时针旋转为"右",逆时针旋转为"左"。45°为出风口角度,以出风口位置而定,135°为进气角度,以进气箱位置而定(仅对带进气箱的风机而言,用来改变进气气流方向)。

1. 离心式通风机的安装

离心式通风机安装前首先开箱检查,根据设备清单核对型号、规格等是否符合设计要求;用手拨动叶轮等部位,活动是否灵活,有无卡壳现象;检查风机外观是否有缺陷。

根据不同连接方式检查通风机、电动机和联轴器基础的标高、基础尺寸及位置、基础预留地脚螺栓位置大小等是否符合安装要求。

将通风机机壳吊放在基础上,放正并穿上地脚螺栓(暂不拧紧),再把叶轮、轴承箱和带轮的组合体吊放在基础上,叶轮穿入机壳,穿上轴承箱底座的地脚螺栓,将电动机吊装上基础;分别对轴承箱、电动机、通风机进行找平找正,找平用平垫铁或斜垫铁,找正以通风机为准,轴心偏差在允许范围内;垫铁与底座之间焊牢。

在混凝土基础上预留孔洞及设备底座与混凝土基础之间灌浆,灌浆的混凝土标号比基础的标号高一级,待初凝后再检查一次各部分是否平正,最后上紧地脚螺栓。

通风机在运转时所产生的结构振动和噪声,对通风空调的效果不利。为消除或减少噪声和保护环境,应采取减振措施。一般在设备底座、支架与楼板或基础之间设置减振装置,减振装置支撑点一般不少于 4 个。减振装置有以下几种形式。

(1) 弹簧减振器,常用的有 ZT 型阻尼弹簧减振器、JD 型和 TJ 型弹簧减振器等。

(2) JG 型橡胶剪切减振器,其用橡胶和金属部件组合而成。

(3) JD 型橡胶减振器。

通风机安装的基本工艺流程如图 4-30 所示。

图 4-30　通风机安装的基本工艺流程

减振器安装示意图如图 4-31 所示。

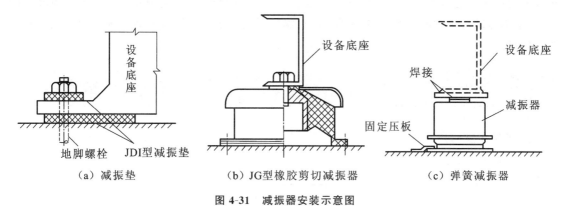

（a）减振垫　　　　　（b）JG 型橡胶剪切减振器　　　　　（c）弹簧减振器

图 4-31　减振器安装示意图

通风机传动机构外露部分以及直通大气的进出口必须装设防护罩（网）或采取其他安全措施，防护罩具体做法可参见国标图集 T108。

2. 轴流式通风机的安装

轴流式通风机多安装在风管中间、墙洞内或单独安装在支架上。在风管内安装的轴流式通风机与在支架上安装的通风机相同，将通风机底座固定在角钢支架上，支架按照设计要求标高及位置固定在建筑结构之上，支架上的螺栓孔应与通风机底座尺寸相匹配，并且在支架与底座之间垫上 4～5 mm 厚的橡胶板，找正找平，拧紧螺栓即可。安装轴流式通风机时应留出电动机检查接线用的孔。

在墙洞内安装的轴流式通风机，应在土建施工时预留孔洞，孔洞的尺寸、位置及标高应符合要求，并在孔洞四周预埋通风机框架及支座。安装时，通风机底座与支架之间垫减振橡胶板，并用地脚螺栓连接，四周与挡板框拧紧，在外墙侧安装 45°的防雨雪弯管。

任务 4 通风空调系统的检测与调试

经过对通风空调系统风管及部件的制作、固定、吊装和通风空调设备机组的安装施工，通风空调系统工程施工结束了，而系统的设备机组、管道及其部件等安装质量是否合格，整个系统能否达到预期效果等问题在工程施工结束后成了最大的问题。

一、检测及调试的目的和内容

通风空调工程安装完成后，需要对施工后的通风空调系统进行检测及调试。通过检测及调试，一方面可以发现系统设计、施工质量和设备性能等方面的问题；另一方面也可为通风空调系统经济合理的运行累积资料。通过测试找出原因并提出解决方案。

通风空调系统安装完毕后，按照《通风与空调工程施工及验收规范》的规定，应对系统中的风管、部件及配件进行测定与调整，简称调试。系统调试包括设备单机运转及调整、系统无负荷联合试运转的测定与调整。无负荷联合试运转的测定与调整包括：通风机风量、风压和转数的测定，系统与风口风量的平衡，制冷系统压力、温度的测定等。这些技术数据应符合有关技术文件的规定。

二、检测及调试的操作工艺

1. 调试工艺程序

调试工艺程序如图 4-32 所示。

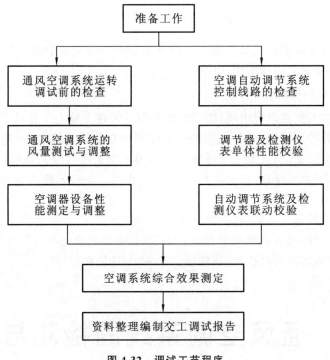

图 4-32　调试工艺程序

2. 准备工作

熟悉空调系统设计图纸和有关技术文件，弄清送（回）风系统、供冷和供热系统、自动调节系统的全过程；绘制通风空调系统的透视示意图；调试人员会同设计、施工和建设单位深入现场查清空调系统安装不合格的地方，查清施工与设计不符的地方，记录在缺陷明细表中，限期修改完；备好调试所需的仪器、仪表和必要工具，消除缺陷明细表中的各种问题；电源、水源、冷热源准备就绪。

3. 通风空调系统试运转前的检查

(1) 核对通风机、电动机的型号、规格是否与设计相符。

(2) 检查地脚螺栓是否拧紧,减振台座是否平整,皮带轮或联轴器是否找正。

(3) 检查轴承处是否有足够的润滑油,加注润滑油的种类和数量应符合设备技术文件的规定。

(4) 检查电动机及有接地要求的通风机、风管接地线连接是否可靠。

(5) 检查通风机调节阀门,开启应灵活,定位装置可靠。

(6) 通风机启动可连续运转,运转应不少于 2 h。

(7) 通风空调设备单机试运转和风管系统漏风量测定合格后,方可进行系统联动试运转,并且运转应不少于 8 h。

4. 通风空调系统的风量测定与调整

按工程实际情况,绘制系统单线透视图,应标明风管尺寸、测定点截面位置、送(回)风口的位置,同时标明设计风量、风速、截面面积及风口外框面积,如图 4-33 所示。

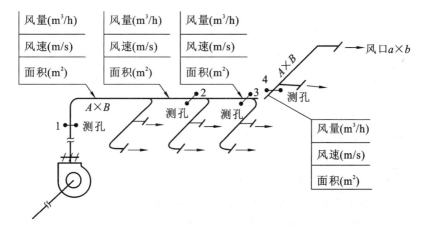

图 4-33 某通风空调系统单线透视图

开通风机之前,将风道和风口本身的调节阀门放在全开位置,三通调节阀门放在中间位置,如图 4-34 所示。空气处理室中的各种调节阀门也应放在实际运行位置。

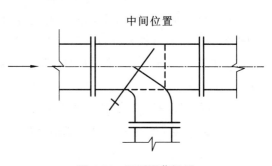

图 4-34 三通调节阀门

开启通风机进行风量的测定与调整。先粗测总风量是否满足设计风量要求,做到心中有数。干管和支管的风量可用皮托管、微压计仪器进行测量。对送(回)风系统的调整采用流量等比分配法或基准风口调整法等,从系统最远、最不利的环路开始,逐步调向通风机。风口风量测试可用热电风速仪、叶轮风速仪或转杯风速仪完成,用定点法或匀速移动法测出平均风速,计算出风量,测试次数不少于 3 次。

系统风量调整平衡后,应达到以下要求。

(1) 风口的风量、新风量、排风量、回风量的实测值与设计风量的允许值偏差不大于 10%。

(2) 新风量与回风量之和应近似等于总的送风量,或各送风量之和。

（3）总的送风量应略大于回风量与排风量之和。

（4）系统风量测定包括风量及风压测定，系统总风压以测量风机前后的全压差为准；系统总风量以风机的总风量或总风管的风量为准。

系统风量测试调整时应注意以下问题。

（1）测定截面位置应选择在气流比较均匀稳定的地方，一般选在产生局部阻力之后 4～5 倍管径（或风管长边尺寸），以及局部阻力之前 1.5～2 倍管径（或风管长边尺寸）的直风管段上。

（2）在矩形风管内测定平均风速时，应将风管测定截面划分成若干个相等的小截面使其尽可能地接近正方形；在圆形风管内测定风速时，应根据管径大小，将截面划分成若干个面积相等的同心圆环，每个圆环应测量 4 个点。

（3）没有调节阀的风道，如果要调节风量，可在风道法兰处临时加插板进行调节，风量调好后，插板留在其中并密封不漏。

5．空调器设备性能测定与调整

空调设备性能测定主要包括喷水量的测定、喷水室热工特性的测定、过滤器阻力的测定、表冷器阻力的测定、冷却能力和加热能力的测定等。

6．空调自动调节系统控制线路检查

主要是核实敏感元件、调节仪表或检测仪表和调节执行机构的型号、规格和安装的部位是否与设计图纸要求相符。

敏感元件和测量元件的装设地点应符合下列要求。

（1）要求全室性控制时，应放在不受局部热源影响的区域内；局部区域要求严格时，应放在要求严格的地点；室温元件应放在空气流通的地方。

（2）在风管内，宜放在气流稳定的管段中心。

（3）"露点"温度的敏感元件和测量元件宜放在挡水板后有代表性的位置，并应尽量避免二次回风的影响，不应受辐射热、振动或水滴的直接影响。

7．调节器及检测仪表单体性能校验

进行敏感元件的性能试验时，根据控制系统所选用的调节器与检测仪表所要求的分度号必须配套，应进行刻度误差校验和支持性校验，均应达到设计精度要求。调节阀和其他执行机构的调节性能，全行程距离、全行程时间的测定，限位开关位置的调整，满行程的分度值等均应达到设计精度要求。

8．自动调节系统及检测仪表联动校验

自动调节系统在未正式投入联动之前，应进行模拟试验，以校验系统的动作是否正确、是否符合设计要求，无误时，可投入自行调节运行。

9．空调系统及检测仪表联动校验

空调系统综合效果测定是在各分项调试完成后，测定系统联动运行的综合指标是否满足设计与生产工艺要求，如果达不到规定要求，应在测定中进行进一步的调整。按工艺要求，综合效果测定与调整内容主要包括以下几项。

（1）确定经过空气调节器处理后的空气参数和空调房间工作区的空气参数。

（2）检验自动调节系统的效果，各调节元件设备经长时间的考核，应保证系统能够安全可靠地运行。

（3）在自动调节系统投入运行的条件下,确定空调房间工作区内可能维持的给定空气参数的允许波动范围和稳定性。

（4）空调系统连续运转的时间,一般舒适性空调系统不得少于 8 h;恒温精度为±0.5 ℃时,应为 12～24 h;恒温精度为±0.1～0.2 ℃ 时,应为 24～36 h。

（5）空调系统带生产负荷的综合效能试验的测定与调整,应由建设单位负责,施工和设计单位配合进行。

10. 资料整理编制及调试报告的提交

将测定和调整后的大量原始数据进行计算和整理,调试报告包括下列内容。

（1）通风或空调工程概况。

（2）电气设备及自动调节系统的单体试验及检测、信号,联锁保护装置的试验和调整数据。

（3）空调处理性能测定结果。

（4）系统风量调整结果。

（5）房间气流组织调试结果。

（6）自动调节系统的整定参数。

（7）综合效果测定结果。

（8）对空调系统做出结论性的评价和分析。

任务 5 通风空调工程验收

一、提交资料

施工单位在进行无负荷试运转合格后,应向建设单位提交以下资料。

（1）设计修改的证明文件、变更图和竣工图。

（2）主要材料、设备仪表、部件的出厂合格证或检验资料。

（3）隐蔽工程验收记录。

（4）分部分项工程质量评定记录。

（5）制冷系统试验记录。

（6）空调系统无负荷联合试运转记录。

二、竣工验收

由建设单位组织,由质量监督部门及安全、消防等部门逐项验收,待验收合格后,将工程正式移交给建设单位管理使用。

任务 6 通风空调系统施工图

通风空调系统施工图是建筑物通风与空调工程施工的依据和必须遵守的文件。它可使施工人员明白设计人员的设计意图,施工图必须由正式的设计单位绘制并签发。工程施工时,未经设计人员同意,不能随意对施工图中的内容进行修改。

一、通风空调系统施工图的组成

通风空调系统施工图一般由两大部分组成,即文字部分和图纸部分。文字部分包括图纸目录、设计施工说明、设备及主要材料表。图纸部分包括基本图和详图。基本图包括通风空调系统的平面图、剖面图、轴测图、原理图等。详图包括系统中某局部或部件的放大图、加工图、施工图等。如果详图中采用了标准图或其他工程图纸,那么在图纸目录中必须附有说明。

1. 文字部分

1) 图纸目录

图纸目录包括在工程中使用的标准图纸目录或其他工程图纸目录和该工程的设计图纸目录。在图纸目录中必须完整地列出该工程设计图纸的名称、图号、工程号、图幅大小、备注等。其作用是核对图纸数量,便于识图时查找。

2) 设计施工说明

设计施工说明包括通风空调系统的建筑概况、采用的气象数据、通风空调系统的划分及具体施工要求等,有时还附有风机、水泵、空调箱等设备的明细表。在设计施工时应严格遵守施工规范、规定。

2. 图纸部分

1) 平面图

平面图包括建筑物各层面各通风空调系统平面图、空调机房平面图、制冷机房(也称冷冻机房)平面图等。

(1) 通风空调系统平面图。

通风空调系统平面图主要说明通风空调系统的设备、系统风道、冷热媒管道、凝结水管道的平面布置。它的内容主要包括风管系统、水管系统、空气处理设备、尺寸标注。此外,对于引用标准图集的图纸,还应注明所用的通用图、标准图索引号。对于恒温恒湿房间,应注明房间各参数的基准值和精度要求。

(2) 空调机房平面图。

空调机房平面图一般包括以下内容。

① 空气处理设备。注明按标准图集或产品样本要求所采用的空调器组合段代号,空调箱内

风机、加热器、表冷器、加湿器等设备的型号、数量,以及该设备的定位尺寸。

② 风管系统。用双线表示,包括与空调箱相连接的送风管、回风管、新风管。

③ 水管系统。用单线表示,包括与空调箱相连接的冷热媒管道及凝结水管道。

④ 尺寸标注包括各管道、设备、部件的尺寸大小、定位尺寸。

如图 4-37 所示为某大楼底层空调机房平面图。

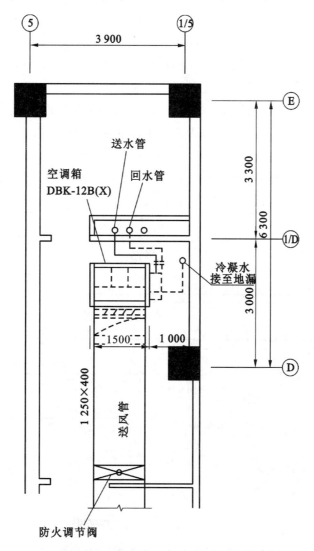

图 4-37 某大楼底层空调机房平面图

(3) 冷冻机房平面图。

冷冻机房与空调机房是两个不同的概念,冷冻机房内的主要设备为空调机房内的主要设备——空调箱提供冷媒或热媒。也就是说,与空调箱相连接的冷热媒管道内的液体来自冷冻机房,而且最终又回到冷冻机房。因此,冷冻机房平面图的内容主要有制冷机组的型号与台数、冷冻水泵和冷凝水泵的型号与台数、冷热媒管道的布置,以及各设备、管道和管道上的配件(如过滤器、阀门等)的尺寸大小和定位尺寸。

2) 剖面图

剖面图总是与平面图相对应,用来说明平面图上无法表明的情况。因此,与平面图相对应的通风空调系统施工图中的剖面图主要有通风空调系统剖面图、通风空调机房剖面图和冷冻机房剖面图等。至于剖面和位置,在平面图上都有说明。剖面图上的内容与平面图上的内容是一致的,有所区别的一点是:剖面图上还标注有设备、管道及配件的高度。

3) 系统图(轴测图)

系统图采用的是三维坐标,如图 4-38 所示。它的作用是从总体上表明所讨论的系统构成情况及各种尺寸、型号和数量等。

具体地说,系统图上包括该系统中设备、配件的型号、尺寸、定位尺寸、数量,以及连接于各设备之间的管道在空间的曲折、交叉、走向和尺寸、定位尺寸等。系统图上还应注明该系统的编号。如图 4-39 所示为用单线绘制的某通风空调系统的系统图。系统图可以用单线绘制,也可以用双线绘制。

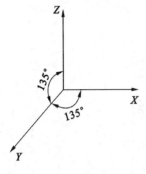

图 4-38　系统图的三维坐标

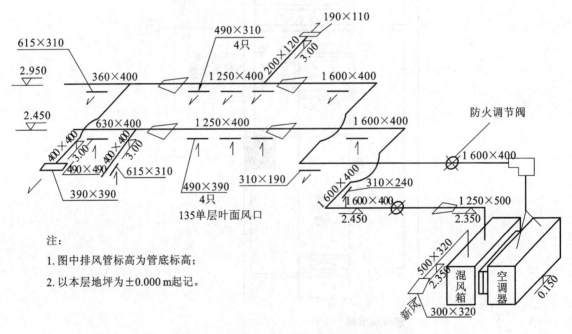

图 4-39　用单线绘制的某通风空调系统的系统图

4) 原理图

原理图一般为空调原理图,它主要包括以下内容:系统的原理和流程;空调房间的设计参数、冷热源、空气处理和输送方式;控制系统之间的相互关系;系统中的管道、设备、仪表、部件;整个系统控制点与测点间的联系;控制方案及控制点参数;用图例表示的仪表、控制元件型号等。

5) 详图

通风空调工程图所需要的详图较多。总的来说,有设备、管道的安装详图,设备、管道的加工详图,设备、部件的结构详图等。部分详图有标准图可供选用。

如图 4-40 所示为风机盘管接管详图。可见,详图就是对图纸主题的详细阐述,而这些是在其他图纸中无法表达但却又必须表达清楚的内容。

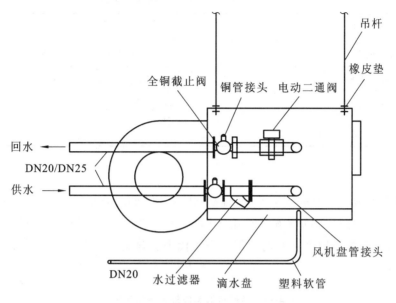

图 4-40 风机盘管接管详图

以上是通风空调系统施工图的主要组成部分。可以说,通过这几类图纸就可以完整、准确地表述出通风空调工程的设计者的意图,施工人员根据这些图纸也就可以进行施工、安装了。

在阅读这些图纸时,还需注意以下几点。

(1) 通风空调系统平、剖面图中的建筑与相应的建筑平、剖面图是一致的,通风空调系统平面图是在本层天棚以下按俯视图绘制的。

(2) 通风空调系统平、剖面图中的建筑轮廓线只是与通风空调系统有关的部分(包括有关的门、窗、梁、柱、平台等建筑构配件)的轮廓线,同时还有各定位轴线编号、间距以及房间名称。

(3) 通风空调系统的平、剖面图和系统图可以按建筑分层绘制,或按系统分系统绘制,必要时对同一系统可以分段进行绘制。

二、通风空调系统施工图的一般规定

通风空调系统施工图应符合《给水排水制图标准》和《暖通空调制图标准》的有关规定。

1. 比例规定

通风空调系统施工图常用比例如表 4-14 所示。

2. 风管标注规定

风管规格用管径或断面尺寸表示。圆形风管规格用其外径表示,如 $\phi360$,表示直径为 360 mm

的圆形风管。矩形风管规格用断面尺寸长×宽表示,如 200 mm×100 mm,表示长 200 mm、宽 100 mm 的矩形风管。

表 4-14　通风空调系统施工图常用比例

名　称	比　例
总平面图	1:500、1:1 000、1:2 000
剖面图等基本图	1:50、1:100、1:150、1:200
大样图、详图	1:1、1:2、1:5、1:10、1:20、1:50
工程流程图、系统原理图	无比例

3. 图例规定

通风空调系统施工图上的图形不能反映实物的具体形象与结构,它采用了国家规定的统一图例符号来表示,这是通风空调系统施工图的一个特点,也是对阅读者的一个要求:阅读前,应首先了解并掌握与图纸有关的图例符号所代表的含义。通风空调系统施工图常用图例如表 4-15 所示。

表 4-15　通风空调系统施工图常用图例

序　号	名　称	图　例	附　注
1	砌筑风、烟道		其余均为:
2	带导流片弯头		
3	消声器、消声器弯头		也可表示为:
4	插板阀		
5	天圆地方		左接矩形风管,右接圆形风管
6	蝶阀		

续表

序　号	名　　　称	图　　　例	附　　注
7	对开多叶调节阀	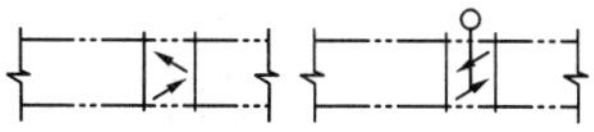	左为手动,右为电动
8	风管止回阀	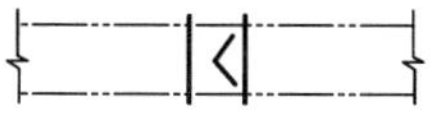	
9	三通调节阀	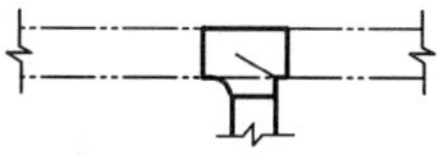	
10	防火阀	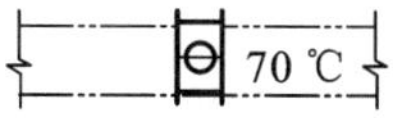 70 ℃	表示 70 ℃ 动作的防火阀
11	排烟阀	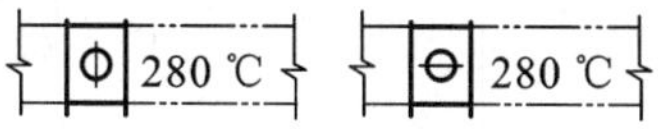 280 ℃　280 ℃	左为 280 ℃ 动作的常闭阀,右为常开阀
12	软接头	 ~	也可表示为: 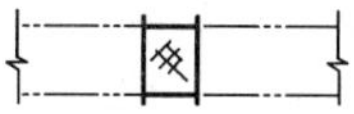
13	软管	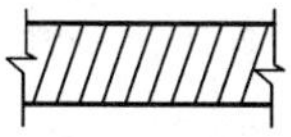	
14	风口(通用)	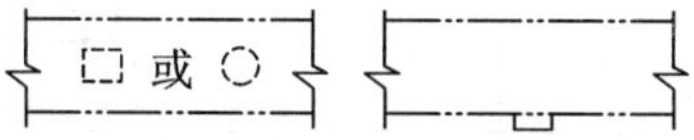 □ 或 ○	
15	气流方向		左为通用表示法,中为送风,右表示回风
16	百叶窗		
17	散流器	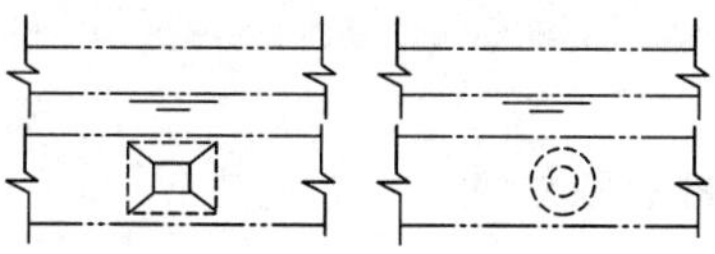	左为矩形散流器,右为圆形散流器。散流器可见时,虚线改为实线

序　号	名　称	图　例	附　注
18	检查孔 测量孔	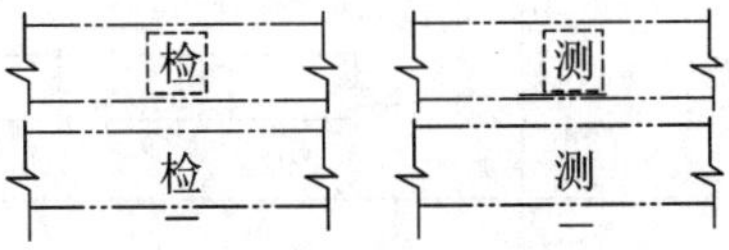	
19	轴流式通风机	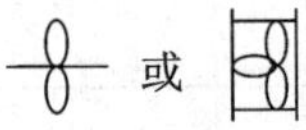	
20	离心式通风机		左为左式风机,右为右室风机
21	空气加热、冷却器		左、中分别为单加热、单冷却,右为双功能换热装置
22	过滤器	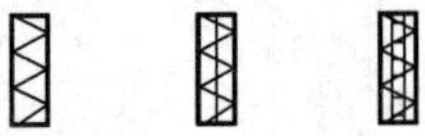	左为初效,中为中效,右为高效
23	电加热器	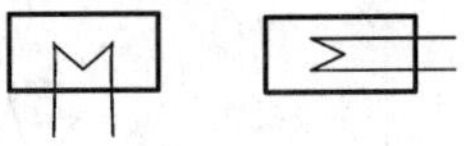	
24	窗式空调器	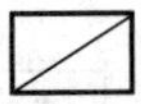	
25	分体式空调器	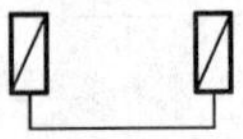	
26	风机盘管	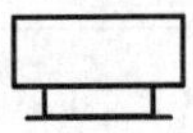	

三、通风空调系统施工图的特点

1. 风管、水管系统环路的独立性

在通风空调系统施工图中,风管系统与水管系统(包括冷冻水系统、冷却水系统)按照它们

的实际情况出现在同一张平、剖面图中,但是在实际运行中,风管系统与水管系统具有相对独立性。因此,在阅读施工图时,应首先将风管系统与水管系统分开阅读,然后再综合起来。

2. 风管、水管系统环路的完整性

在通风空调系统施工图中,无论是水管系统还是风管系统,都可以称之为环路,这就说明风管、水管系统总是有一定来源,并按一定方向,通过干管、支管,最后与具体设备相接,多数情况下又将回到它们的来源处,形成一个完整的系统。如图 4-41 所示为冷媒管道系统环路图。

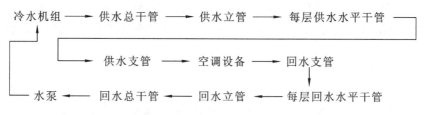

图 4-41　冷媒管道系统环路图

可见,系统形成了一个循环往复的、完整的环路。我们可以从冷水机组开始阅读,也可以从空调设备处开始阅读,直至经过完整的环路又回到起点。

风管系统图如图 4-42 所示。

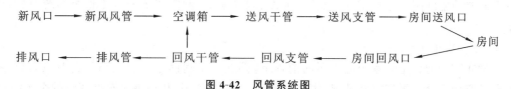

图 4-42　风管系统图

对于风管系统,可以从空调箱处开始阅读,逆风流动方向看到新风口,顺风流动方向看到房间,再至回风干管、空调箱,再看回风干管到排风管、排风口这一支路。也可以从房间处看起,研究风的来源与去向。

3. 通风空调系统的复杂性

通风空调系统中的主要设备,如冷水机组、空调箱等,其安装位置由土建决定,这使得风管系统与水管系统在空间的走向往往是纵横交错,在平面图上很难表示清楚,因此,通风空调系统施工图中除了大量的平面图、立面图外,还包括许多剖面图与系统图,它们对读懂图纸有重要帮助。

4. 通风空调系统施工图与土建施工的密切性

通风空调系统中的设备、风管、水管及许多配件的安装都需要土建的建筑结构来容纳与支撑,因此,在阅读通风空调系统施工图时,要查看有关图纸,与土建密切配合,并及时对土建施工提出要求。

四、通风空调系统施工图的识读

1. 识读方法与步骤

1）阅读图纸目录

根据图纸目录了解该工程图纸的概况，包括图纸张数、图幅大小及名称、编号等信息。

2）阅读施工说明

根据施工说明了解该工程概况，包括空调系统的形式、划分及主要设备布置等信息。在此基础上，确定哪些图纸代表着该工程的特点、属于工程中的重要部分，图纸的阅读就从这些重要图纸开始。

3）阅读有代表性的图纸

在第二步中确定了代表该工程特点的图纸，现在就根据图纸目录，确定这些图纸的编号，并找出这些图纸进行阅读。在通风空调系统施工图中，有代表性的图纸基本上都是反映空调系统布置、空调机房布置、冷冻机房布置的平面图，因此，通风空调系统施工图的阅读基本上是从平面图开始的，先是总平面图，然后是其他的平面图。

4）阅读辅助性图纸

对于平面图上没有表达清楚的地方，就要根据平面图上的提示（如剖面位置）和图纸目录找出该平面图的辅助图纸进行阅读，包括立面图、侧立面图、剖面图等。对于整个系统，可参考系统图。

5）阅读其他内容

在读懂整个通风空调系统施工图的前提下，再进一步阅读施工说明与设备及主要材料表，了解通风空调系统的详细安装情况，同时参考加工、安装详图，从而完全掌握图纸的全部内容。

2. 识读举例

下面以某大厦多功能厅的空调系统为例，说明识读通风空调系统施工图的方法和步骤。如图 4-43 所示为多功能厅空调系统平面图。如图 4-44 所示为多功能厅空调系统剖面图。如图 4-45 所示为多功能厅空调风管系统轴测图。从图中可以看出，空调箱设在机房内，因而从空调机房开始识读风管系统。在空调机房Ⓒ轴外墙上有一带调节阀的风管（新风管），可由此新风管从室外将新鲜空气吸入室内。在空调机房②轴线内墙上有一消声器 4，这是回风管。空调机房有一空调箱 1，从剖面图 4-44 中可以看出，在空调箱侧下部有一接短管的进风口，新风与回风在空调房混合后，被空调箱由此进风口吸入，经冷、热处理后，由空调箱顶部的出风口送至送风干管。送风气流首先经过防火阀和消声器，继续向前，管径变为 800 mm×500 mm，又分出第二个分支管，继续前行，流向管径为 800 mm×250 mm 的分支管，每个送风直管上都有方形散流器（送风口），送风气流通过这些散流器进入多功能厅。大部分回风经消声器与新风混合被吸入空调箱的进风口，完成一次循环。从 A-A 剖面图可看出，房间高度为 6 m，吊顶距地面高度为 3.5 m，风管暗装在吊顶内，送风口直接开在吊顶面上，气流组织为上送下回。从 B-B 剖面图可看出，送风管通过软接头直接从空调箱上部接出，沿气流方向高度不断减小。从剖面图上还可看出 3 个送风支管在总风管上的接口位置及支管位置。

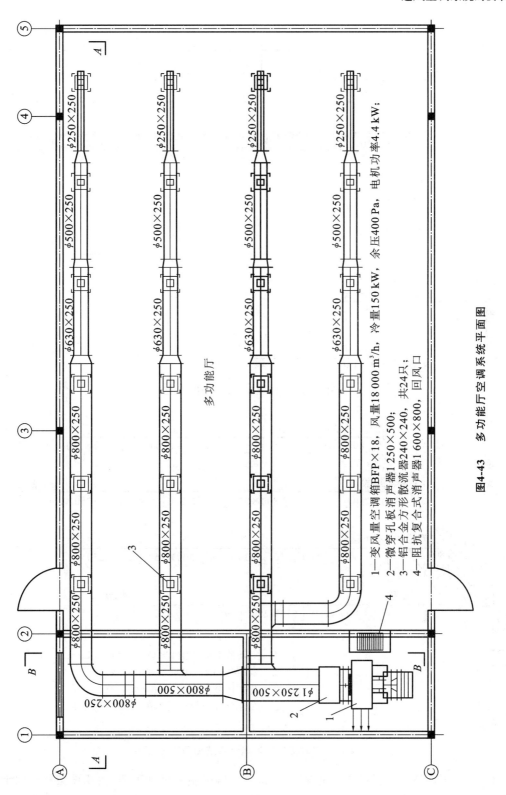

图4-43　多功能厅空调系统平面图

1—变风量空调箱BFP×18，风量18 000 m³/h，冷量150 kW，余压400 Pa，电机功率4.4 kW；
2—微穿孔板消声器1 250×500；
3—铝合金方形散流器240×240，共24只；
4—阻抗复合式消声器1 600×800，回风口

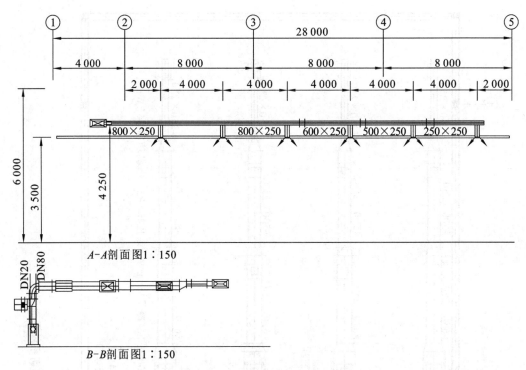

图 4-44 多功能厅空调系统剖面图

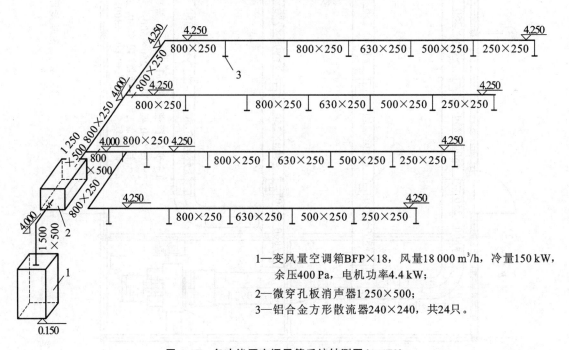

1—变风量空调箱BFP×18，风量18 000 m³/h，冷量150 kW，余压400 Pa，电机功率4.4 kW；

2—微穿孔板消声器1 250×500；

3—铝合金方形散流器240×240，共24只。

图 4-45 多功能厅空调风管系统轴测图（1∶150）

　　总之，在了解整个工程系统的情况下，要进一步阅读施工设计说明、主要设备材料明细表及整套施工图样，每张图样都要反复对照地看，了解每一个施工安装的细节，以完全掌握图样的全部内容。

五、制冷机房的布置

1. 制冷机房布置的一般要求

制冷机房设计时应参照设计规范及实际情况进行设备布置。

（1）大中型制冷机房内的主机间应尽量与辅助设备间、水泵间分间设置，制冷机房宜与空调机房分开设置。

（2）大中型制冷机房内应设置值班室、控制室、维修间和卫生间等生活设施。有条件时应设置通信设备。

（3）在建筑设计中，应根据需要预留设备的维修或清洗空间，并应配备必要的起吊设施。

（4）氨制冷机房应设置两个互相尽量远离的对外出口，其中至少有一个出口直接对外，大门应设计成由室内开向室外。氨制冷机房的电源开关应布置在外门附近，发生事故时，应能立即切断电源，但事故电源不能切断。氨制冷机房应设置每小时不少于 3 次换气次数的机械通风系统和每小时不少于 12 次换气次数的事故排风系统，配用的电动机必须采用防爆型，并应设置必要的消防和安全器材。

（5）制冷机房设备布置的间距如表 4-16 所示。

表 4-16　制冷机房设备布置的间距

项　　目	间距/m
主要通道和操作通道	≥1.5
制冷机凸出部分与配电盘之间	≥1.5
制冷机凸出部分相互之间	≥1.0
制冷机与墙面之间	≥0.8
非主要通道	≥0.8
溴化锂吸收式制冷机侧面凸出部分之间	≥1.5
溴化锂吸收式制冷机的一侧与墙面之间	≥1.2

（6）制冷机房的高度如表 4-17 所示。

表 4-17　制冷机房的高度

项　　目	机房净空高度/m
氟利昂制冷机	≥3.6
氨制冷机	≥4.8
溴化锂吸收式制冷机设备顶部距梁底	≥1.2

2. 制冷机房平面布置示范

如图 4-46 所示为两种典型的制冷机房平面布置方案。

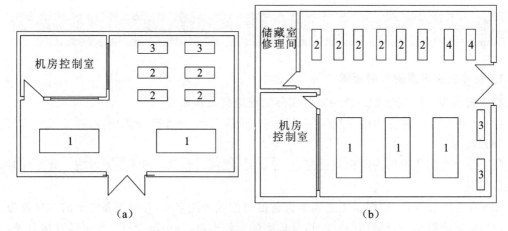

图 4-46 两种典型的制冷机房平面布置方案

1—冷水机组；2—冷冻、冷却水泵；3—集、分水器；4—热交换器

1. 通风、空调的概念是什么？

2. 通风系统有哪几种分类方法？每种方法各又分为哪几类？

3. 空调系统有哪几种分类方法？每种方法各又分为哪几类？

4. 局部机械送、排风系统各由哪几部分组成？

5. 集中式空调系统由哪几部分组成？

6. 集中式、半集中式、分散式空调系统各有哪些特点？

7. 板材的连接方法有哪几种？如何选择？

8. 风管的连接方法有哪几种？圆形、矩形风管无法兰连接有哪几种形式？

9. 风管的加固方法有哪几种？钢板风管在什么情况下需要加固？

10. 简述风管系统的安装程序。

11. 防火阀的作用是什么？其设置部位对安装有什么要求？

12. 简述通风空调系统检测与调试的程序。

13. 通风空调系统施工图包括哪些内容？

14. 概述通风空调系统施工图的识读步骤。

项目 5

建筑电气系统的安装

任务 1 供配电系统

一、供配电系统概述

建筑供配电系统是电力系统的一个重要组成部分,现代工农业及整个社会生活中电力应用非常广泛,一般建筑采用低压供电,高层建筑通常采用 10 kV 电压供电。建筑供配电系统也是建筑电气的最基本系统,它对电能起着接受、变换和分配的作用,向各种用电设备提供电能。

1. 电力系统概述

电力系统是由发电厂、变电所、电力线路和电力用户组成的一个整体。电力系统的组成如图 5-1 所示。

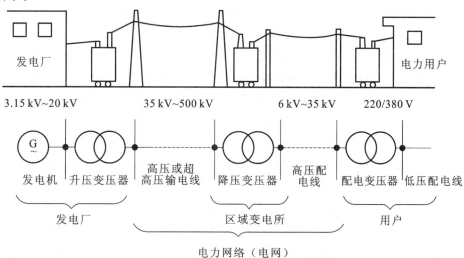

图 5-1 电力系统的组成

1) 发电厂

发电厂是将一次能源(如水、火、风、原子能等)转换成二次能源(电能),并向外输出的场所。发电厂的种类很多,根据所利用能源的不同,有火力发电厂、水力发电厂、原子能发电厂、风力发电厂、太阳能发电厂等。我国目前主要以火力发电和水力发电为主,核能发电的比重正在逐年增加,发电厂的发电机组发出的电压一般为 6.3 kV~10.5 kV,各类发电厂的主要电气设备是发电机、变压器和开关设备等。

2) 变电所

变电所是接收电能、变换电压和分配电能的场所,主要由电力变压器和高低压配电装置组成,它是电力系统中的重要组成部分。变电所按照变压的性质和作用不同,又可以分为升压变电所和降压变电所两种。升压变电所一般建在发电厂,主要任务是将低电压变换为高电压;降压变电所一般建在靠近负荷中心的地点,主要任务是将高电压变换到一个合理的电压等级。只用来接收和分配电能而不改变电压的场所称为配电所。配电所不具有电压变换能力,变电所与配电所的主要区别在于是否有变压器。

3) 电力线路

电力线路是输送电能的通道。由于发电厂与电力用户相距较远,所以要用各种不同电压等级的电力线路将发电厂、变电所与电力用户联系起来,使电能输送到用户。电力线路分为输电线路和配电线路两种。

4) 电力用户

在电力系统中,一切消费电能的用电设备均称为电力用户。电力用户按其用途可分为动力用电设备、工艺用电设备、电热用电设备、照明用电设备等,它们可将电能转换为机械能、热能和光能等不同形式,适应生产和生活的需要。

2. 电力负荷的分类

在电力系统上的用电设备所消耗的功率称为用电负荷或电力负荷。根据供电的可靠性及终止供电在政治、经济等方面造成的影响及损失的程度来分级,用电负荷可以分为三个级别,并且各个级别的负荷分别采用相应的供电方式供电。

1) 一级负荷

当中断供电时会造成人身伤亡,造成重大政治影响和经济损失,或造成公共场所秩序严重混乱的电力负荷,属于一级负荷。如国家级的大会堂、国际候机厅、医院手术室、省级以上体育场(馆)等建筑的电力负荷。对于某些特等建筑,如重要的交通枢纽、重要的通信枢纽、国宾馆、国家级及承担重大国事活动的会堂、国家级大型体育中心,以及经常用于重要国际活动的大量人员集中的公共场所等的一级负荷,为特别重要负荷。

一级负荷应由两个或两个以上电源供电,以保证供电的可靠性和连续性。两个电源可以同时工作,各供一部分负荷,也可以一用一备,当一个电源发生故障时,另一个电源应不致同时受到损坏。一级负荷中的特别重要负荷,除上述两个电源外,还必须增设应急电源。为保证对特别重要负荷的供电,禁止将其他负荷接入应急供电系统。

常用的应急电源有以下几种:独立于正常电源的柴油发电机组、供电网络中有效地独立于正常电源的专门馈电线路、蓄电池、UPS(交流不间断电源)、EPS(应急电源)。

2）二级负荷

当中断供电时会造成较大政治影响、较大经济损失或造成公共场所秩序混乱的电力负荷，属于二级负荷。如省部级的办公楼、甲等电影院、市级体育场馆、高层普通住宅、高层宿舍等建筑的照明负荷。

对于二级负荷，要求采用两个电源供电，供电变压器宜选择两台（两台变压器不一定在同一变电所内），一用一备，两个电源应做到当发生电力变压器故障或线路常见故障时不致中断供电（或中断供电后能迅速恢复）。在负荷较小或地区供电条件困难时，二级负荷可由一路 6 kV 及以上的专用架空线供电。若采用电缆供电，应同时敷设一条备用电缆，并经常处于运行状态。也可以采用柴油发电机组或 UPS、EPS 作为备用电源。

3）三级负荷

不属于一级和二级负荷的一般电力负荷，均属于三级负荷。三级负荷对供电电源无要求，一般为一路电源供电即可，但在可能的情况下，也应提高其供电的可靠性。

3. 供电频率和电压的要求

一切电力设备都是在一定的电压和频率下工作的。电压和频率是衡量电能质量的两个基本参数。我国交流电力设备的额定频率为 50 Hz，此频率通常称为"工频"。

电气设备的额定电压是保证设备正常运行，并获得最佳经济效果的电压。如果设备的端电压偏离其额定电压，则设备的工作性能和寿命都将受到影响。

1）电网（线路）的额定电压

电网的额定电压等级是国家根据国民经济发展的需要以及电力工业的现有水平，经过全面的技术经济分析后确定的。它是确定各类电力设备额定电压的基本依据。

2）用电设备的额定电压

用电设备的额定电压规定与同级电网的额定电压相同。由于用电设备运行时线路上有一定的阻抗，通过电流时要产生电压降，所以供电线路上各点电压都略有不同。

3）发电机的额定电压

发电机的额定电压规定高于同级电网额定电压的 5%，以补偿电网上的电压损失。由于电力线路允许的电压偏差一般为 ±5%，即整个线路允许有 10% 的电压损失，因此为了维持线路的平均电压在额定值，线路首端（电源端）的电压可比线路额定电压高 5%，而线路末端的电压则可比线路额定电压低 5%。

4）变压器的额定电压

变压器的额定电压分为一次绕组和二次绕组。对于一次绕组，当变压器与发电机直接连接时（如发电厂的升压变压器），其一次绕组的额定电压等于发电机额定电压，即高于同级电网额定电压的 5%。当变压器不与发电机相连，而是连接在线路上时（如住宅小区降压变压器），可把它看作用电设备，其一次绕组的额定电压应与电网额定电压相同。对于二次绕组，额定电压是指二次绕组的空载电压（开路电压），考虑到变压器满载时自身的电压损失（按 5% 计算），变压器二次绕组的额定电压应比电网额定电压高 5%。当二次侧（高压侧）输电距离较长时，还应考虑到线路电压损失（按 5% 计算），此时二次绕组的额定电压应比电网额定电压高 10%。

二、变配电设备

1. 电力变压器

变压器是变电所中关键的一次设备,其主要功能是升高或降低电压,以利于电能的合理输送、分配和使用。由于输配电线路上的功率损耗和电压损耗,必须采用高压输电(最高可达 500 kV)。大型发电机的额定电压一般为 6.3 kV~10.5 kV,因此在输电时必须用变压器将电压升高,供电时通过变压器将高压降成负载所需的额定电压。因此,变压器的作用是用来变换交流电压和电流,以满足输配电的需要。

1) 变压器的分类

变压器在国民经济各个部门中应用非常广泛,品种、规格也很多,通常根据变压器的用途、绕组数目、铁芯结构、相数、调压方式、冷却方式等划分类别。

(1) 按用途分类,变压器可分为电力变压器、特种变压器、仪用互感器、高压试验变压器等。

(2) 按绕组数分类,变压器可分为双绕组变压器、三绕组变压器、多绕组变压器以及自耦变压器。

(3) 按铁芯结构分类,变压器可分为芯式变压器和壳式变压器。

(4) 按相数分类,变压器可分为单相变压器和三相变压器。

(5) 按冷却方式和冷却介质分类,变压器可分为以空气为冷却介质的干式变压器、以油为冷却介质的油浸式变压器(包括油浸自冷式变压器、油浸风冷式变压器、强迫油循环式变压器等)和充气式冷却变压器。

(6) 按容量分类,变压器可分为小型变压器(容量为 10 kVA~630 kVA)、中型变压器(容量为 800 kVA~6 300 kVA)、大型变压器(容量为 8 000 kVA~63 000 kVA)和特大型变压器(容量在 90 000 kVA 以上)。

2) 变压器的基本结构

变压器的结构主要与它的类型、容量大小和冷却方式等有关,通常小型变压器都做成干式,干式变压器的结构相对比较简单,而较大容量的变压器都做成油浸式或充气冷却式,其结构相对复杂一些。这里主要介绍油浸式变压器的结构,油浸式变压器一般由铁芯、绕组、绝缘结构和油箱等组成。油浸式变压器的外形结构如图 5-2 所示。

(1) 铁芯。

铁芯是变压器中主要的磁路部分。铁芯分为铁芯柱和铁轭两部分,铁芯柱套有绕组,铁轭作为闭合磁路之用。为了减少铁芯中的磁滞和涡流损耗,提高磁路的导磁性能,铁芯一般用高磁导率的磁性材料(硅钢片)叠装而成。硅钢片有热轧和冷轧两种,其厚度为 0.35~0.5 mm,两面涂以厚 0.02~0.23 mm 的漆膜,使片与片之间绝缘。

(2) 绕组。

绕组是变压器的电路部分,它是用纸包的绝缘扁铜线或圆铜线在绕线模上绕制而成。绕组套装在变压器铁芯柱上,低压绕组在内层,高压绕组套装在低压绕组外层,以便于绝缘。为了节省铜材,目前我国大多采用铝线。变压器的一次绕组(原绕组)输入电能,二次绕组(副绕组)输出电能,它们通常套装在同一个芯柱上。一、二次绕组具有不同的匝数,通过电磁感应作用,一

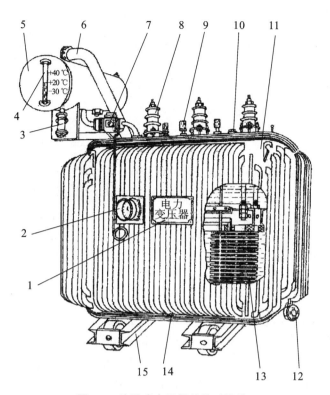

图 5-2　油浸式变压器的外形结构

1—铭牌;2—信号式温度计;3—吸湿器;4—油标;5—储油柜;6—安全气道;7—气体继电器;8—高压套管;
9—低压套管;10—分接开关;11—油箱;12—放油阀门;13—器身;14—接地板;15—小车

次绕组的电能就可以传递到二次绕组,且使一、二次绕组具有不同的电压和电流。

（3）绝缘结构。

绝缘结构实现了变压器的绝缘,包括外部绝缘和内部绝缘。变压器的引线从油箱内穿过油箱盖时,必须经过绝缘套管,从而使高压引线和接地的油箱绝缘。绝缘套管是一根中心导电杆,外面有瓷套管绝缘。套管外形做成多级伞形,电压越高,其外形尺寸越大。

（4）油箱。

铁芯和绕组组成变压器的器身,器身放置在装有变压器油的油箱内,在油浸式变压器中,变压器油既是绝缘介质,又是冷却介质。为使变压器油能较长久地保持良好状态,在变压器油箱上面装有圆筒形的储油柜。储油柜通过连通管与油箱相通,柜内油面高度随着油箱内变压器油的热胀冷缩而变动,储油柜使油与空气的接触面积减小,从而减少油的氧化和水分的侵入。油箱的结构与变压器的容量、发热情况密切相关。变压器的容量越大,发热问题就越严重。

3）变压器的额定值

变压器在规定的使用环境和运行条件下的主要技术参数称为额定值。额定值通常都标注在变压器的铭牌上,它是选用变压器的依据。

型号可以表示一台变压器的结构、额定容量、电压等级、冷却方式等内容。例如,SL-500/10 表示三相油浸式自冷双线圈铝线,额定容量为 500 kVA,高压侧额定电压为 10 kV 级的电力变压器。

（1）额定容量 S_N（VA/kVA/MVA）:铭牌规定在额定使用条件下所能输出的视在功率。对三相变压器而言,额定容量指三相容量之和。双绕组变压器一、二次侧的额定容量设计为相同值。

(2) 额定电压 U_N(V/kV):变压器长时间运行所承受的工作电压(三相为线电压),其中,U_{1N} 为规定加在一次侧的电压,U_{2N} 为一次侧加额定电压、二次侧空载时的端电压。

(3) 额定电流 I_N(A):变压器额定容量下允许长期通过的电流,分为一次侧额定电流 I_{1N} 和二次侧额定电流 I_{2N}(三相为线电流)。

(4) 额定频率 f_N(Hz):我国的工频为 50 Hz。

2. 互感器

互感器是按比例变换电压或电流的设备,其功能主要是将高电压或大电流按比例变换成标准低电压(100 V)或标准小电流(5 A 或 10 A,均指额定值)。互感器是电工测量和自动保护装置使用的特殊变压器。使用互感器的目的:一是将测量回路与高压电网隔离,以确保工作人员的安全;二是扩大测量仪表的量程,可以使用小量程电流表测量大电流,用低量程电压表测量高电压,或者为高压电路的控制及保护装置提供所需的低电压或小电流。互感器按用途可分为电压互感器和电流互感器两类。

1) 电压互感器

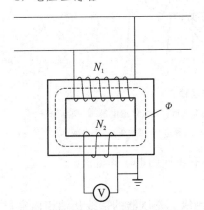

图 5-3 电压互感器原理接线图

电压互感器的作用是将一次回路的高电压变换为二次回路的低电压,提供测量仪表和继电保护装置用的电压源。电压互感器的结构特点是:一次绕组匝数多,而二次绕组匝数少,相当于降压变压器。它接入电路的方式是:将一次绕组并联在一次电路中,而将二次绕组并联仪表、继电器的电压线圈。电压互感器原理接线图如图 5-3 所示。由于二次仪表、继电器等的电压线圈阻抗很大,所以电压互感器工作时二次回路接近于空载状态。二次绕组的额定电压一般为 100 V。

电压互感器在使用中要注意以下几点。

(1) 电压互感器的二次侧在工作时不能短路。在正常工作时,其二次侧接近于开路状态,电流很小,当二次侧短路时,其电流很大(二次侧阻抗很小),将烧毁设备甚至危及人身安全。

(2) 电压互感器的二次侧必须有一端接地,防止一、二次侧击穿时,高压窜入二次侧,危及人身和设备安全。

(3) 二次侧并接的电压线圈不能太多,避免超过电压互感器的额定容量,引起互感器绕组发热,并降低互感器的精确度。

2) 电流互感器

电流互感器的作用是将一次回路的大电流变换为二次回路的小电流,提供测量仪表和继电保护装置用的电流电源。电流互感器的结构特点是:一次绕组匝数少(有的只有一匝,利用一次导体穿过其铁芯),导体较粗,而二次绕组匝数很多,导体较细。它接入电路的方式是:将一次绕组串联接入一次电路,而将二次绕组与仪表、继电器等的电流线圈串联,形成一个闭合回路。由于二次仪表、继电器等的电流线圈阻抗很小,所以电流互感器工作时二次回路接近短路状态。二次绕组的额定电流一般为 5 A。电流互感器原理接线图如图 5-4 所示。

电流互感器在使用中要注意以下几点。

（1）电流互感器的二次侧在使用时绝对不可开路。使用过程中拆卸仪表或继电器时，应事先将二次侧短路。安装时，接线应可靠，不允许二次侧安装熔丝。

（2）二次侧必须有一端接地，防止一、二次侧绝缘损坏，高压窜入二次侧，危及人身和设备安全。

3. 常用低压电器

低压电器对电能的产生、输送、分配与使用起着转换、控制、保护、调节等作用，是建筑电气中不可缺少的器件。在建筑工程中常用的低压电气设备有刀开关、熔断器、断路器、交流接触器、热继电器、按钮等。

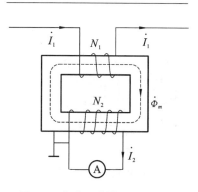

图 5-4　电流互感器原理接线图

1）刀开关

刀开关是一种简单的手动操作电器，用于非频繁接通和切断容量不大的低压供电线路，并兼作电源隔离开关，又称作隔离开关。

低压刀开关的基本组成部分是闸刀（动触头）、刀座（静触头）和底板。低压刀开关按操作方式分，有单投开关和双投开关；按极数分，有单极开关、双极开关和三极开关；按灭弧结构分，有带灭弧罩开关和不带灭弧罩开关等。刀开关的图形符号如图 5-5 所示。

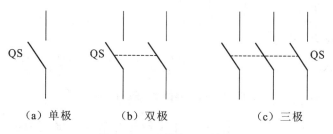

（a）单极　　　　（b）双极　　　　　（c）三极

图 5-5　刀开关的图形符号

2）熔断器

熔断器是常用的一种简单的保护电器，主要作为短路保护用，在一定条件下也可起过载保护的作用。熔断器由熔体和安装熔体的绝缘底座（或称熔管）组成。熔体呈片状或丝状，用易熔金属材料如锡、铅、铜、银及其合金等制成，熔丝的熔点一般为 $200 \sim 300\ ℃$。熔断器使用时串接在要保护的电路上，当正常工作时，熔体相当于一根导体，允许通过一定的电流，熔体的发热温度低于熔化温度，因此长期不熔断；而当电路发生短路或严重过载故障时，流过熔体的电流大于其允许的正常发热电流，使得熔体的温度不断上升，最终超过熔体的熔化温度而熔断，从而切断电路，保护了电路及设备。熔体熔断后要更换熔体，电路才能重新接通工作。

低压熔断器种类很多，按结构分为开启式熔断器、半封闭式熔断器和封闭式熔断器，按有无填料分为有填料式熔断器和无填料式熔断器，按用途分为工业用熔断器、保护半导体器件熔断器和自复式熔断器等。熔断器的类型及图形符号如图 5-6 所示。

（1）RC1 型瓷插式熔断器：主要用于低压分支电路的短路保护，价格低廉，使用方便，因其分断能力较弱，多用于照明电路和小型动力电路中。

（2）RL1 型螺旋式熔断器：熔芯内装有熔丝，并填充石英砂，用于熄灭电弧，分断能力强。

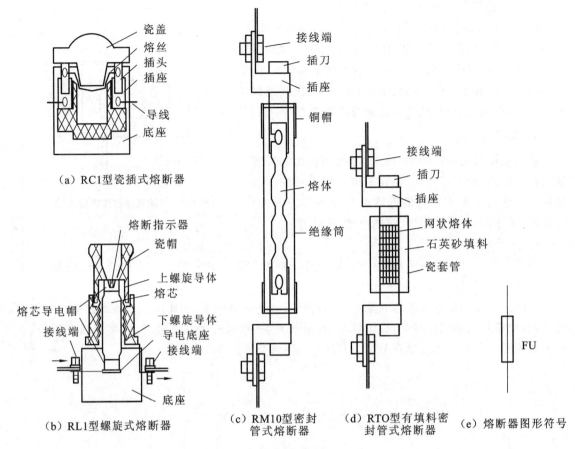

图 5-6　熔断器的类型及图形符号

熔体的上端有一熔断指示器,一旦熔体熔断,指示器马上弹出,可透过瓷帽上的玻璃孔观察到。螺旋式熔断器的分断能力比瓷插式熔断器强,但熔断后必须更换熔管,经济性欠佳,一般用于配电线路中作为短路保护及过载保护之用。

(3) RM10 型密封管式熔断器:RM10 型密封管式熔断器为无填料管式熔断器,主要用于供配电系统作为线路的短路保护及过载保护。它采用变截面片状熔体和密封纤维管,由于熔体较窄处的电阻小,在短路电流通过时产生的热量大而先熔断,因而可产生多个熔断点使电弧分散,以利于灭弧。短路时,其电弧燃烧,密封纤维管产生高压气体以便将电弧迅速熄灭。

(4) RTO 型有填料密封管式熔断器:熔断器中装有石英砂,用来冷却和熄灭电弧。熔体为网状,短路时可使电弧分散,由石英砂将电弧冷却熄灭,可将电弧在短路电流达到最大值之前迅速熄灭,以限制短路电流。此为限流式熔断器,常用于大容量电力网或配电设备中。

3) 断路器

断路器又称低压空气开关,或自动空气开关,是一种可以自动切断电路故障的组合型保护电器。自动开关主要用于低压动力线路中,用于分断和接通负荷电路。所以,自动开关又被称为低压断路器。

断路器具有良好的灭弧性能,它能带负荷通断电路,可以用于电路的不频繁操作,同时它又能提供短路、过负荷和失压保护,是低压供配电线路中重要的开关设备。断路器主要由触头系统、灭弧系统、保护装置和传动机构等组成。保护装置和传动机构组成脱扣器,主要有过流脱扣器、欠压脱扣器和热脱扣器等。

　　一般低压空气断路器在使用时要垂直安装,不要倾斜,以避免其内部机械部件运动不够灵活。接线时要上端接电源线,下端接负载线。有些空气开关自动跳闸后,需将手柄向下扳,然后再向上推才能合闸,若直接向上推则不能合闸。

　　断路器的工作原理示意图及图形符号如图 5-7 所示。断路器开关是靠操作机构手动或电动合闸的,触头闭合后,自由脱扣机构将触头锁在合闸位置上。当电路发生上述故障时,通过各自的脱扣器使自由脱扣机构动作,自动跳闸以实现保护作用。

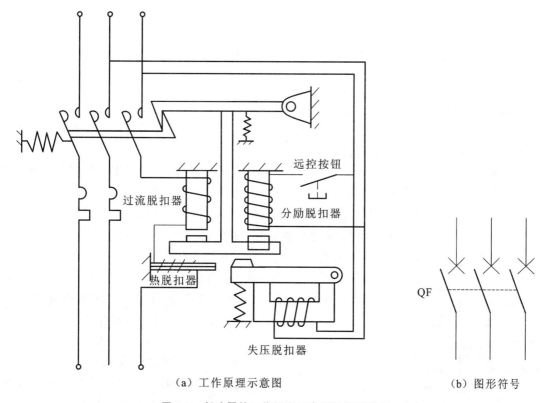

（a）工作原理示意图　　　　　　　　（b）图形符号

图 5-7　断路器的工作原理示意图及图形符号

　　过流脱扣器用于线路的短路保护和过流保护。当线路的电流大于整定的电流值时,过流脱扣器所产生的电磁力使挂钩脱扣,动触点在弹簧的拉力下迅速断开,实现断路器的跳闸功能。

　　由加热元件和热膨胀系数不同的双金属片组成热脱扣器。当线路发生过负荷时,发热元件所产生的热量使双金属片向上弯曲,推动杠杆,顶开搭钩,使主触头断开,从而达到过负荷保护的目的。

　　失压(欠压)脱扣器用于失压(欠压)保护。失压脱扣器的线圈直接接在电源上,处于吸合状态,断路器可以正常合闸。当停电或电压很低时,失压脱扣器的吸力小于弹簧的反作用力,弹簧使动铁芯向上使挂钩脱扣,实现短路器的跳闸功能。

　　分励脱扣器用于远距离控制分断电路。当在远方按下按钮时,分励脱扣器得电产生电磁力,使其脱扣跳闸。

4）交流接触器

接触器是一种用来频繁接通或断开交直流主电路及大容量控制电路的自动切换电器。它是利用电磁吸力和弹簧反作用力配合动作而使触头闭合或分断的一种电器,还具有低压释放保护的功能,并能实现远距离控制,在自动控制系统中应用得相当广泛。接触器按其主触头通过电流的种类不同,可分为直流接触器和交流接触器。接触器的图形符号如图5-8所示。

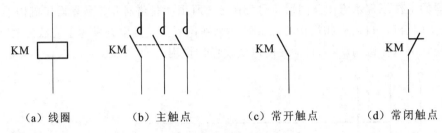

（a）线圈　　　（b）主触点　　　（c）常开触点　　　（d）常闭触点

图5-8　接触器的图形符号

交流接触器由电磁机构、触点系统、灭弧装置和其他部件等组成。

（1）电磁机构由线圈、动铁芯(衔铁)和静铁芯组成。CJ0、CJ10系列交流接触器大多采用衔铁直线运动的双E形直动式电磁机构。

（2）触点系统包括主触点和辅助触点。主触点通常为三对常开触点,用于接通或切断主电路。辅助触点一般有常开、常闭各两对,在控制电路中起电气自锁或互锁作用。

（3）灭弧装置。当触点断开大电流时,在动、静触点间产生强烈电弧,必须采用灭弧装置使电弧迅速熄灭,因此容量在10 A以上的接触器都有灭弧装置。

（4）其他部件包括反作用弹簧、触点压力弹簧、传动机构和外壳等。

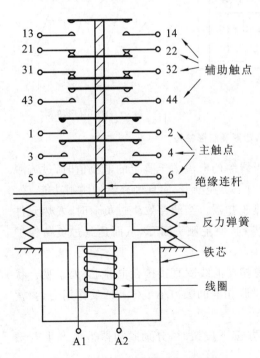

图5-9　交流接触器的结构示意图

交流接触器的结构示意图如图5-9所示。当线圈通电后,静铁芯产生电磁吸力将衔铁吸合,衔铁带动触点系统动作,使常闭触点断开,常开触点闭合。当线圈断电时,电磁吸力消失,衔铁在反作用弹簧力的作用下释放,触点系统随之复位。

交流接触器的选择主要考虑主触点的额定电压、额定电流,辅助触点的数量与种类,吸引线圈的电压等级、操作频率等。

5）热继电器

热继电器利用电流的热效应原理来保护电动机,使之免受长期过载的危害。电动机在工作时,当负载过大、电压过低或发生一相断路故障时,电动机的电流都会增大,其值往往超过额定电流。如果超过不多,电路中熔断器的熔体不会熔断,但时间长了会影响电动机的寿命,甚至烧毁电动机,因此需要有过载保护。

热继电器由发热元件、双金属片、触点及一套传动和调整机构组成。发热元件是一段阻值不大的电阻丝,串接在被保护电动机的主电路中。热继电器的结构示意图及图形符号如图 5-10 所示。双金属片由两种不同热膨胀系数的金属片碾压而成，当电动机过载时，通过发热元件的电流超过整定电流，双金属片受热向上弯曲脱离扣板，使常闭触点断开。由于常闭触点是接在电动机的控制电路中的，它的断开会使得与其相接的接触器线圈断电，从而接触器主触点断开，电动机的主电路断电，实现了过载保护。

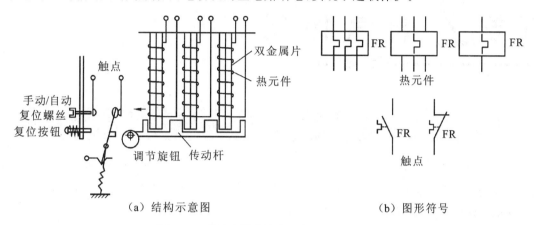

（a）结构示意图　　　　　　　　　　　（b）图形符号

图 5-10　热继电器的结构示意图及图形符号

6）按钮

按钮又称控制按钮，也是一种简单的手动开关，通常用于发出操作信号，接通或断开电流较小的控制电路，以控制电流较大的电动机或其他电气设备的运行。它由按钮帽、动触点、静触点和复位弹簧等构成。按钮的结构示意图和图形符号如图 5-11 所示。将按钮帽按下时，下面一对原来断开的静触点被桥式动触点接通，以接通某一控制电路；而上面一对原来接通的静触点则被断开，以断开另一控制回路。手指放开后，在弹簧的作用下触点立即恢复原态。原来接通的触点称为常闭触点，原来断开的触点称为常开触点。因此，当按下按钮时，常闭触点先断，常开触点后通；而松开按钮时，常开触点先断，常闭触点后通。在电动机控制电路中，常开触点用来控制电动机的启动，称为启动按钮；常闭触点用来控制电动机的停止，称为停止按钮。

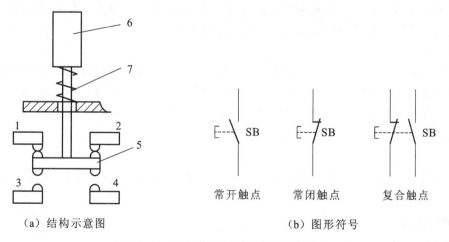

（a）结构示意图　　　　　　　　　　　（b）图形符号

图 5-11　按钮的结构示意图和图形符号

1、2—常闭静触点；3、4—常开静触点；5—动触点；6—按钮帽；7—复位弹簧为了标明各个按钮的作用,避免误操作,通常将按钮帽做成不同的颜色,以示区别。帽的颜色有红、绿、黑、黄、蓝等,一般用红色表示停止按钮,绿色表示启动按钮。

任务 2 电气照明

一、电气照明基本知识

照明可分天然照明和人工照明两大类。现代人工照明是用电光源实现的,故又称电气照明。合理的电气照明能改善工作条件,提高工作效率,保障工作者的视力健康,在减少工作事故和差错的同时美化环境,有益于人们的身心健康。

1. 照明的光学物理量

照明是以光学为基础的,同时要从光学的角度来考虑电气照明的基本要求,使得照明满足生产和生活的需要,因此要对有关光学的几个物理量有所了解。

1)光通量

一个光源不断地向周围辐射能量,在辐射的能量中,有一部分能量使人的视觉产生光的感觉。光源在单位时间内向周围空间辐射并引起视觉的能量,称为光通量,用符号 Φ 表示,单位为流明(lm)。通常以电光源消耗 1 W 电功率所发出的流明数(lm/W)来表征电光源的特性,称为发光效率,简称光效,是评价各种光源的一个重要数据。

2)照度

照度是表示物体被照亮的程度的物理量。当光通量投射到物体表面时,可以把表面照亮,物体的照度不仅与它表面上的光通量有关,而且与它本身表面积的大小有关,即在单位面积上接收到的光通量称为照度,用符号 E 表示,单位为勒克斯(lx)。

3)发光强度

由于辐射发光体在空间发出的光通量不均匀,大小也不相等,例如,同一个光源有、无灯罩被照面所得到效果是不同的,为了表示辐射体在不同方向上光通量的分布特性,需引进单位立体角内的光通量的概念,称为发光强度,简称光强,用符号 I 表示,单位是坎德拉(cd)。发光强度是表示光源发光强弱程度的物理量。

4)亮度

通常把发光体在给定方向上单位投影面积上发射的发光强度称为亮度,用符号 L 表示,单位为 cd/m^2。

2. 照明方式

根据工作场所对照度的不同要求,照明方式可分为以下三种。

1)一般照明

在整个场所或场所的某部分照度基本上均匀的照明,即在整个房间的被照面上产生同样照度。对于工作位置密集而对光照方向又无特殊要求，或工艺上不适宜装设局部照明装置的场所，宜使用一般照明。如办公室、体育馆和教室等。

2）局部照明

局部照明是为满足局部区域高照度和照射方向的要求，单独为该区域设置照明灯具的一种照明方式，如在工作台上设置的工作台灯，在商场橱窗内设置的投光照明等。局部照明又有固定式和移动式两种。为了人身安全，移动式局部照明灯具的工作电压不得超过 36 V，如检修设备时供临时照明用的手提灯。

3）混合照明

由一般照明与局部照明共同组成的照明方式。对于照度要求较高，工作位置密度不大，或对照射方向有特殊要求的场所，宜采用混合照明。如金属机械加工机床、精密电子电工器件加工安装工作桌等。

3．照明种类

1）正常照明

保证工作场所正常工作的室内外照明称为正常照明。正常照明一般可以单独使用，也可与应急照明和值班照明同时使用，但控制线路必须分开。所有居住房间、工作场所、公共场所等都应设置正常照明。

2）应急照明

在正常照明因故障停止工作时使用的照明称为应急照明。供事故情况下继续工作或安全疏散通行的照明。

（1）备用照明。

备用照明是在正常照明发生故障时，用以保证正常活动继续进行的一种应急照明。凡存在因故障停止工作而造成重大安全事故，或造成重大政治影响和经济损失的场所必须设置备用照明，且备用照明提供给工作面的照度不能低于正常照明照度的 10%。

（2）安全照明。

安全照明是在正常照明发生故障时，为保证处于危险环境中的工作人员的人身安全而设置的一种应急照明。其照度不应低于正常照明照度的 5%。

（3）疏散照明。

疏散照明是用于确保疏散通道被有效地辨认和使用的照明，是在正常照明因故障熄灭后，为了避免发生意外事故，而需要对人员进行安全疏散时，在出口和通道设置的指示出口位置及方向的疏散标志灯和照亮疏散通道而设置的照明。

3）值班照明

在非工作时间内供值班人员使用的照明称为值班照明。在非三班制生产的重要车间和仓库、商场等场所，通常设置值班照明。值班照明可以单独设置，也可以利用正常照明中能单独控制的一部分或利用应急照明的一部分作为值班照明。

4）警卫照明

用于警卫地区内重点目标的照明称为警卫照明。在重要的工厂区、仓库区及其他场所，根据警戒防范的需要，在警卫范围内装设，应尽量与正常照明合用。

5）障碍照明

装设在建筑物或构筑物上作为障碍标志用的照明。为了保证夜航的安全，在飞机场周围较高的建筑物上,在船舶航行的航道两侧的建筑物上,应按民航和交通部门的有关规定装设障碍照明。障碍灯应为红色,有条件的宜采用闪光照明,并且接入应急电源回路。

二、电光源和灯具

1. 电光源

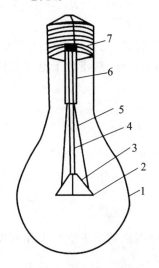

图 5-12　白炽灯构造示意图

1—玻璃泡;2—灯丝;3—钼丝钩支架;

4—中心杆;5—内导丝;6—外导丝;7—灯头

在建筑工程中,电气照明采用的电光源可分为两大类:一类是热辐射光源,是利用物体通电加热而辐射发光的原理制成的,如白炽灯、卤钨灯;另一类是气体放电光源,是利用气体放电时发光的原理制成的,如荧光灯、高压水银灯、氙灯等。

1）白炽灯

白炽灯是第一代电光源,主要由灯头、灯丝、玻璃泡等组成,如图 5-12 所示。灯丝用高熔点的钨丝材料绕制而成,并封入玻璃泡内,玻璃泡内抽成真空后,再充入惰性气体氩或氮,以提高灯泡的使用寿命。当电流通过灯丝时,由于电流的热效应,使之达到白炽而发光。由于白炽灯的结构简单、价格便宜、安装使用方便、适于频繁开关、启动迅速等优点,虽然它的发光效率低,仍是当前广泛使用的一种电光源。

2）卤钨灯

卤钨灯的实质是在白炽灯内充入少量卤素气体,利用"卤钨循环"的作用,使灯丝蒸发的一部分钨重新附着在灯丝上,以达到既提高光效,又延长寿命的目的。管状卤钨灯构造示意图如图 5-13 所示。

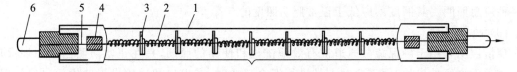

图 5-13　管状卤钨灯构造示意图

1—石英玻璃管;2—螺旋状钨丝;3—石英支架;4—钼箔;5—导丝;6—电极

碘钨灯具有体积小、寿命长、发光效率高等优点,因而得到广泛的应用,主要用在需要光线集中照射的地方。碘钨灯使用时,应使灯管保持水平,最大倾斜角不大于 4°,否则将使灯管寿命缩短。

3）荧光灯

荧光灯又称日光灯,是目前广泛使用的一种电光源。荧光灯利用汞蒸气在外加电压作用下产生弧光放电,发出少量可见光和大量紫外线,而紫外线又激励管内壁涂覆的荧光粉,使之再发出大量的可见光。荧光灯灯管构造示意图如图 5-14 所示。荧光灯的发光效率比白炽灯高得多,使用寿命也比白炽灯长。

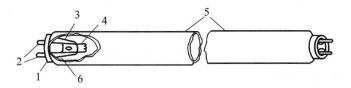

图 5-14　荧光灯灯管构造示意图

1—灯头；2—灯脚；3—玻璃芯柱；4—灯丝(钨丝)；5—玻璃管(内壁涂覆荧光粉,管内充惰性气体)；6—汞(少量)

荧光灯接线示意图如图 5-15 所示。当接通电源后,在电源电压的作用下,启辉器产生辉光放电,其动触片受热膨胀与静触点接触形成通路,电流通过并加热灯丝发射电子。但这时辉光放电停止,动触片冷却恢复原状,在使触点断开的瞬间,电路突然切断,镇流器产生较高的自感电动势,当接线正确时,电动势与电源电压叠加,在灯管两端形成高电压。在高电压作用下,灯丝通电、加热和发射电子流,电子撞击汞原子,使其电离而放电。放电过程中发射出的紫外线又激发灯管内壁的荧光粉,从而发出可见光。

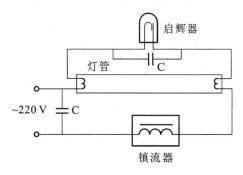

图 5-15　荧光灯接线示意图

4) 高压汞灯

高压汞灯(见图 5-16)又名高压水银灯,它是靠高压汞蒸气放电而发光的。这里所说的"高压"是指工作状态下的气体压力为 2～6 个大气压,以区别于一般低压荧光灯。与白炽灯相比,高压汞灯的优点是发光效率高、使用寿命长、省电、耐震。

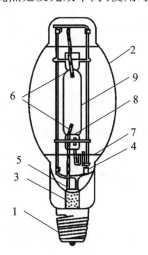

（a）高压汞灯构造示意图

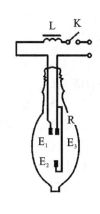

（b）高压汞灯工作电路图

图 5-16　高压汞灯

1—灯头；2—玻璃壳；3—抽气管；4—支架；5—导线；6—主电极 E1、E2；7—启动电阻；8—辅助电极 E3；9—石英放电管

5) 金属卤化物灯

金属卤化物灯也是一种气体放电灯,是在高压汞灯的基础上,为改善光色而发展起来的新型光源。金属卤化物灯的优点是:发光体小,光色和日光相似,显色性也较高,光效也较高,达 70 lm/W 左

右,受电压影响也较小,是目前比较理想的光源。金属卤化物灯可用于商场、大型广场和体育场等。

2. 灯具

照明电光源(灯泡或灯管)、固定安装用的灯座、控制光通量分面的灯罩及调节装置等构成了完整的电气照明器具,通常称为灯具。

1) 灯具的分类

(1) 根据灯具向下和向上投射的光通量百分比,可将灯具分为以下几种。

直接照明型:上射光通量占 0~10%,下射光通量占 90%~100%。

半直接照明型:上射光通量占 10%~40%,下射光通量占 60%~90%。

直接间接照明型:上射光通量占 40%~60%,下射光通量占 40%~60%。

半间接照明型:上射光通量占 60%~90%,下射光通量占 10%~40%。

间接照明型:上射光通量占 90%~100%,下射光通量占 0~10%。

(2) 根据灯具的安装方式,可将灯具分为吸顶式、嵌入式、悬挂式和壁装式,如图 5-17 所示。

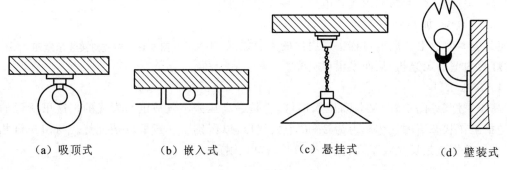

    (a) 吸顶式   (b) 嵌入式   (c) 悬挂式   (d) 壁装式

图 5-17 电气照明灯具的安装方式

① 吸顶式。

将照明灯具直接安装在天棚上的安装方式,称为吸顶式。为了防止眩光,常采用乳白玻璃吸顶灯或乳白塑料吸顶灯。

② 嵌入式。

将照明灯具嵌入天棚内的安装方式,称为嵌入式。具有吊顶的房间常采用嵌入式。

③ 悬挂式。

用软导线、链子等将灯具从天棚处吊下来的安装方式,称为悬挂式。悬挂式在一般照明中是应用较多的一种安装方式。

④ 壁装式。

用托架将灯具直接安装在墙壁上的安装方式,称为壁装式。壁装式照明灯具主要作为装饰之用,兼作局部照明用,是一种辅助性照明灯具。

除上述常用照明形式和安装方式外,为适应特殊环境的需要,还有一些特殊的照明灯具,如防水灯具、防爆灯具等。

(3) 根据灯具的结构形式,可将灯具分为以下几种。

① 开启型。

光源裸露在外,灯具是敞口的或无灯罩的。

② 闭合型。

透光罩将光源包围起来的照明器。但透光罩内外空气能自由流通,尘埃易进入罩内,照明器的效率主要取决于透光罩的透射比。

③ 封闭型。

透光罩固定处加以封闭,使尘埃不易进入罩内,但当内外气压不同时空气仍能流通。

④ 密闭型。

透光罩固定处加以密封,与外界可靠地隔离,内外空气不能流通。根据用途又可分为防水防潮型和防水防尘型,适用于浴室、厨房、潮湿或有水蒸气的车间、仓库及隧道、露天堆场等场所。

⑤ 防爆安全型。

这种照明器适用于在不正常情况下可能发生爆炸危险的场所。其功能主要是使周围环境中的爆炸性气体不能进入照明器内,可避免照明器正常工作中产生的火花引起的爆炸。

2)灯具的安装要求

照明装置安装施工中使用的电气设备及器材,均应符合国家或部门颁布的现行技术标准,并具有合格证件,设备应有铭牌。所有电气设备和器材到达现场后,应做仔细的验收检查,不合格或有损坏的均不能用以安装。

(1)安装的灯具应配件齐全,灯罩无损坏。

(2)螺口灯头接线必须将相线接在中心端子上,零线接在螺纹的端子上;灯头外壳不能有破损和漏电。

(3)照明灯具使用的导线线芯最小截面应符合有关的规定。

(4)灯具安装高度:室内一般不低于 2.5 m,室外不低于 3 m。

(5)地下建筑内的照明装置,应有防潮措施,灯具低于 2.0 m 时,灯具应安装在人不易碰到的地方,否则应采用 36 V 及以下的安全电压。

(6)嵌入顶棚内的装饰灯具应固定在专设的框架上,电源线不应贴近灯具外壳,灯线应留有余量,固定灯罩的框架边缘应紧贴在顶棚上,嵌入式日光灯管组合的开启式灯具、灯管应排列整齐,金属间隔片不应有弯曲扭斜等缺陷。

(7)配电盘及母线的正上方不得安装灯具,事故照明灯具应有特殊标志。

3)灯具的安装方法

(1)吊灯安装。

吊灯安装分为吊线式、吊链式和吊管式三种形式。

吊线式灯具安装:首先将电源线套上保护用塑料软管从木台线孔穿出,然后将木台固定,将吊线盒安装在木台上,从吊线盒的接线螺栓上引出软线,软线的另一端接到灯座上,软线吊灯仅限于质量为 1 kg 以下的灯具安装,超过者应该采用吊链式或吊管式安装。

固定吊线式灯具安装示意图如图 5-18 所示。

吊链式灯具安装:根据灯具的安装高度确定吊链长度,将吊链挂在灯箱的挂钩上,并将导线依次编叉在吊

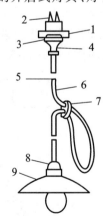

图 5-18　固定吊线式灯具安装示意图

1、3—胶质或瓷质吊线盒;2—固定圆木的木螺栓;
4—圆木;5、6、7—电缆;
8—悬挂式胶质灯座;9—灯罩

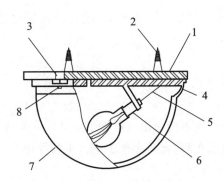

图 5-19 吸顶灯安装示意图

1—圆木；2—圆木固定用螺丝；3—固定灯架木螺栓；
4—灯架；5—灯头引线；6—管接式瓷质螺口灯座；
7—玻璃灯罩；8—固定灯罩木螺栓

置隔热层(石棉板或石棉布等)。

(3)壁灯安装。

壁灯可以安装在墙上或柱子上。当安装在墙上时，一般在砌墙时应预埋木砖，禁止用木楔代替木砖，也可以预埋螺栓或用膨胀螺栓固定；当安装在柱子上时，一般应在柱子上预埋金属构件或将金属构件固定在柱子上，然后再将壁灯固定在金属构件上，如图 5-20 所示。

(4)嵌入式灯具安装。

顶棚内安装灯具专用支架，根据灯具的位置和大小在顶棚上开孔，安装灯具。灯线应留有余量，固定灯罩的边框边缘应紧贴在顶棚表面上，矩形灯具的边缘应与顶棚的装修线平行。嵌入式灯具安装示意图如图 5-21 所示。

链内,引入灯箱,灯线不应该承受拉力。

吊管式灯具安装:根据灯具的安装高度确定吊杆长度,将导线穿在吊管内,采用钢管作为吊管时,钢管内径不应小于 10 mm,以利于穿线,钢管壁厚不应小于 1.5 mm。

(2)吸顶灯安装。

吸顶灯安装一般可直接将木台固定在顶棚的预埋木砖上或用预埋的螺栓固定,然后再把灯具固定在木台上,如图 5-19 所示。若灯泡和木台距离太近(如半扁灯罩),应在灯泡与木台间放

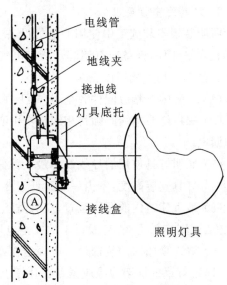

图 5-20 壁灯安装示意图

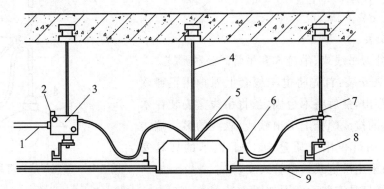

图 5-21 嵌入式灯具安装示意图

1—电线管；2—接地线；3—接线盒；4—吊杆；5—软管接头；6—金属软管；7—管卡；8—吊卡；9—吊顶

任务 3 安全用电与建筑防雷

一、安全用电基本知识

电力是国民经济的重要能源,在生活中也不可缺少。但是不懂得安全用电知识就容易造成触电身亡、电气火灾、电器损坏等意外事故,因此,安全用电是十分重要的。

1. 安全电流及电压

人体触电可分两种情况:一种是雷击和高压触电,较大的电流通过人体所产生的热效应、化学效应和机械效应,将使人的机体遭受严重的电灼伤、组织炭化坏死及其他难以恢复的永久性伤害;另一种是低压触电,在数十至数百毫安的电流作用下,人的机体产生病理生理性反应。轻的触电有针刺痛感,或出现痉挛、血压升高、心律不齐以致昏迷等暂时性的功能失常;重则会引起呼吸停止、心搏骤停、心室纤维性颤动等危及生命的伤害。

1) 安全电流

安全电流,也就是人体触电后最大的摆脱电流。电流对人体伤害的严重程度与通过人体电流的大小、频率、持续时间,通过人体的路径及人体电阻的大小等多种因素有关。不同电流强度对人体的影响如表 5-1 所示。

表 5-1　不同电流强度对人体的影响

电流强度 /mA	对人体的影响	
	50～60 Hz 的交流电	直流电
0.6～1.5	开始有感觉,手轻微颤抖	无感觉
2～3	手指强烈颤抖	无感觉
5～7	手指痉挛	感觉痒和热
8～10	手已较难摆脱带电体、手指尖至手腕均感剧痛	热感觉较强,上肢肌肉收缩
20～25	手指感到剧痛,迅速麻痹,呼吸困难	手部轻微痉挛
50～80	呼吸麻痹,心室开始颤动	强烈的灼热感,上肢肌肉强烈收缩痉挛,呼吸困难
90～100	呼吸麻痹,持续时间 3 s 以上则心脏停搏,心室颤动	呼吸麻痹
300 以上	持续 0.1 s 以上时可致心跳、呼吸停止,机体组织会因电流的热效应而致破坏	

(1) 电流大小。

通过人体的电流越大,人体的生理反应就越明显,感应越强烈,引起心室颤动所需的时间越短,致命的危险越大。

对于工频交流电,按照通过人体电流的大小和人体所呈现的不同状态,电流大致分为下列三种。

感觉电流是指引起人体感觉的最小电流。实验表明,成年男性的平均感觉电流约为 1.1 mA,成年女性的平均感觉电流约为 0.7 mA。感觉电流不会对人体造成伤害,但电流增大时,人体反应变得强烈,可能造成坠落等间接事故。

摆脱电流是指人体触电后能自主摆脱电源的最大电流。实验表明,成年男性的平均摆脱电流约为 16 mA,成年女性的平均摆脱电流约为 10 mA。

致命电流是指在较短的时间内危及生命的最小电流。实验表明,当通过人体的电流达到 50 mA 以上时,心脏会停止跳动,可能导致死亡。

(2) 电流频率。

一般认为 50～60 Hz 的交流电对人体最危险。随着频率的增高,危险性将降低。高频电流不仅不会伤害人体,还能治病。

(3) 通电时间。

通电时间越长,电流使人体发热和人体组织的电解液成分增加,导致人体电阻降低,反过来又使通过人体的电流增加,触电的危险亦随之增加。

(4) 电流路径。

电流通过头部会使人昏迷;通过脊髓可能导致瘫痪;通过心脏会造成心跳停止,血液循环中断;通过呼吸系统会造成窒息。因此,从左手到胸部是最危险的电流路径,从手到手、从手到脚也是很危险的电流路径,从脚到脚是危险性较小的电流路径。

2) 安全电压

安全电压是指人体不戴任何防护设备时,触及带电体而不受电击或电伤,这个带电体的电压就是安全电压。严格地讲,安全电压是因人而异的,与触碰带电体的时间长短、与带电体接触的面积和压力等均有关系。

2. 触电形式

1) 单相触电

单相触电是常见的一种触电方式,人体的某一部分接触带电体的同时,另一部分又与大地或中性线相接,电流从带电体流经人体到大地(或中性线)形成回路,如图 5-22 所示。

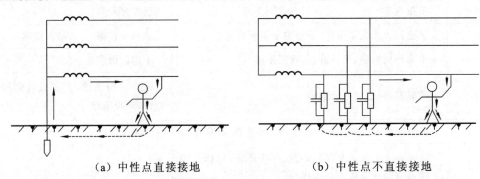

(a) 中性点直接接地　　　　(b) 中性点不直接接地

图 5-22　单相触电示意图

在中性点直接接地的电网中,如果人去接触它的任何一根相线,或接触电网中的电气设备的任何一根带电导体,那么流经人体的电流经过人体、大地和中性点接地电阻而形成通路。由于接地电阻一般为 4 Ω,与人体电阻相比小很多,因此施加于人体的电压接近相电压 220 V,就有可能发生严重的触电事故。

在中性点不直接接地的 1 000 V 以下的电网中,单相触电时电流是经过人体和其他两相对地的分布电容而形成通路。通过人体的电流既取决于人体的电阻,又取决于线路的分布电容。当电压比较高,线路比较长(1~2 km)时,由于线路对地的电容相当大,即使线路的对地绝缘电阻非常大,也可能发生触电伤害事故。

2)两相触电

两相触电是指人体两处同时触及同一电源的两相带电体,以及在高压系统中,人体距离高压带电体小于规定的安全距离,造成电弧放电时,电流从一相导体流入另一相导体的触电方式,如图 5-23 所示。两相触电加在人体上的电压为线电压,因此不论电网的中性点直接接地与否,其触电的危险性都很大。

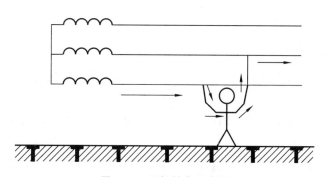

图 5-23 两相触电示意图

3)跨步电压触电

雷电流入地或电力线(特别是高压线)断散到地时,会在导线接地点及周围形成强电场。当人畜跨进这个区域时,两脚之间出现的电位差称为跨步电压 U_k。在这种电压作用下,电流从接触高电位的脚流进,从接触低电位的脚流出,从而形成触电,如图 5-24 所示。跨步电压的大小取决于人体站立点与接地点之间的距离,距离越小,其跨步电压越大。当距离超过 20 m(理论上为无穷远处)时,可认为跨步电压为零,不会发生触电危险。

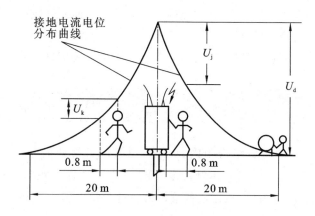

图 5-24 跨步电压和接触电压触电示意图

4）接触电压触电

电气设备由于绝缘损坏或其他原因造成接地故障时，如人体两个部分（手和脚）同时接触设备外壳和地面，人体两部分会处于不同的电位，其电位差即接触电压。由接触电压造成的触电事故称为接触电压触电。

5）感应电压触电

感应电压触电是指当人触及带有感应电压的设备和线路时所造成的触电事故。一些不带电的线路由于大气变化（如雷电活动），会产生感应电荷，停电后一些可能感应电压的设备和线路如果未及时接地，这些设备和线路对地均存在感应电压。

6）剩余电荷触电

剩余电荷触电是指当人体触及带有剩余电荷的设备时，对人体放电造成的触电事故。带有剩余电荷的设备通常含有储能元件，如并联电容器、电力电缆、电力变压器及大容量电动机等，在退出运行和对其进行类似摇表测量等检修后，会带上剩余电荷，因此要及时对其放电。

3. 安全用电的基本要求

（1）用电单位应对使用者进行用电安全教育和培训，使其掌握用电安全的基本知识和触电急救知识。

（2）用电单位或个人应掌握所使用的电气装置的额定容量、保护方式和要求、保护装置的整定值和保护元件的规格。

（3）电气装置在使用前，应确认其已经国家指定的检验机构检验合格或认可，符合相应环境要求和使用等级要求。

（4）当保护装置动作或熔断器的熔体熔断后，应先查明原因、排除故障，并确认电气装置已恢复正常后才能重新接通电源、继续使用。

（5）用电设备和电气线路的周围应留有足够的安全通道和工作空间。

（6）使用的电气线路须具有足够的绝缘强度、机械强度和导电能力并应定期检查。

（7）插头与插座应按规定正确接线，插座的保护接地极在任何情况下都必须单独与保护线可靠连接。

（8）正常使用时会产生飞溅的火花、灼热的飞屑或外壳表面温度较高的用电设备，应远离易燃物质或采取相应的密闭、隔离措施。

（9）临时用电应经有关主管部门审查批准，并有专人负责管理，限期拆除。

二、接地装置

人体经常与用电设备的金属结构相接触，如果电气设备某处绝缘损坏或由于某些意外事故，使不带电的金属外壳带电，一旦人体触及该外壳，就有可能发生触电事故。解决这类问题最常用的方法就是接地或接零，另外，根据电气系统或设备正常工作的需要也要接地。

1. 接地的类型

用金属导体把电气设备的某一部分与大地做良好的电气连接，称为接地。接地的目的是使设备正常、安全地运行,以及为建筑物和人身、设备的安全提供保障。常用的接地方式按作用或功能可分为以下几种。

1）工作接地

为了保证电气设备在正常和事故情况下能够可靠地运行,而将电力系统中某一点进行接地,称为工作接地。这种接地可直接接地或经特殊装置接地。

各种工作接地有各自的功能,例如:电源中性点直接接地,能在运行中维持三相系统中相线对地电压不变;而电源中性点经消弧线圈接地,能在单相接地时消除接地点的断续电弧,防止系统出现过电压;防雷装置接地,能在雷击时将强大的雷电流泄入大地,降低雷电流流过时引起的电位。

2）保护接地

各种电气设备的金属外壳、线路的金属管、电缆的金属保护层、安装电气设备的金属支架等,由于导体的绝缘损坏后可能带电,为了防止这些不带电金属部分产生过大的对地电压危及人身安全而设置的接地,称为保护接地,如图 5-25 所示。

保护接地是中性点不直接接地低压系统的主要安全措施,在一般低压系统中,保护接地电阻应小于 4 Ω。当电气设备的金属外壳带电时,如果金属外壳没有保护接地,则外壳所带电压为电源线电压。采取保护接地后,因接地电阻很小,故金属外壳的电位接近零电位,漏电电流绝大部分经过导体流入大地,通过人体的电流很小,从而保证了人身安全。

3）重复接地

在三相四线制系统中,将零线(或中性点)上的一处或几处经接地装置与大地再次可靠连接起来,称为重复接地,如图 5-26 所示。

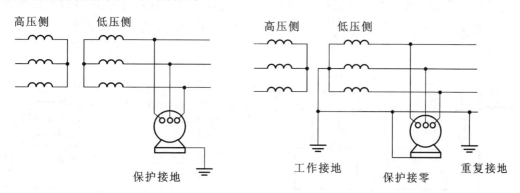

图 5-25　保护接地示意图　　　　图 5-26　工作接地、重复接地和保护接零示意图

经过重复接地处理后,即使零线发生断裂,也能使故障危害程度减轻。当发生相线碰壳等短路事故时,重复接地极、大地及电源端工作接地极为短路电流提供了另一条流通路径,使短路电流增大,线路越长,该效果越明显,从而加速了线路保护装置的动作,缩短了短路事故的时间。

4）保护接零

把电气设备在正常情况下不带电的金属部分与电网的零线(中性线)紧密地连接起来,称为保护接零,如图 5-26 所示。

当电气设备某一相的绝缘损坏与外壳相碰时,就形成单相短路,很大的短路电流将导致线路的保护装置动作,切断故障设备,防止触电危险。保护接零只适用于中性点直接接地的三相四线制供电系统,在此系统中不允许再用保护接地。

在同一低压配电系统中,保护接地与保护接零不能混用,否则,当采用保护接地的设备发生单相接地故障时,危险电压将通过大地串至零线及采用保护接零的设备外壳上。

2. 低压配电系统的保护接地形式

根据现行的国家标准,低压配电系统有三种接地形式,即 IT 系统、TT 系统和 TN 系统,TN 系统又包括 TN-C 系统、TN-S 系统和 TN-C-S 系统,其中各个字母的含义如下。

第一个字母表示电源端与地的关系:

I——电源端所有带电部分不接地或有一点通过高阻抗接地;

T——电源端有一点直接接地。

第二个字母表示电气装置的外露可导电部分与地的关系:

T——电气装置的外露可导电部分直接接地,此接地点在电气上独立于电源端的接地点;

N——电气装置的外露可导电部分与电源端接地点有直接电气连接。

第二个字母后面的字母表示中性线与保护线的组合情况:

C——中性线与保护线是合在一起的;

S——中性线与保护线是分开的。

1) IT 系统

IT 系统就是电源中性点不接地、用电设备外露可导电部分直接接地的系统,如图 5-27 所示。在 IT 系统中,连接设备外露可导电部分和接地体的导线,就是保护线(PE 线)。

IT 系统的设备发生单相接地故障时,其外露可导电部分将呈现对地电压,并经设备外露可导电部分的接地装置形成单相接地故障电流,中性点不接地时,此故障电流很小,如图 5-28 所示。

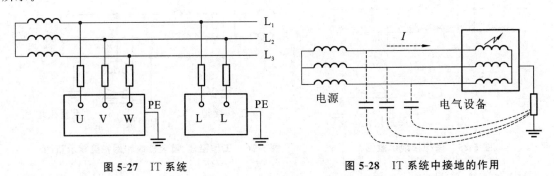

图 5-27 IT 系统   图 5-28 IT 系统中接地的作用

IT 系统常用于对供电连续性要求较高的配电系统,或用于对电击防护要求较高的场所,如电力炼钢、大医院的手术室、地下矿井等处。

2) TT 系统

TT 系统就是电源中性点直接接地、用电设备外露可导电部分也直接接地的系统,如图 5-29 所示。通常将电源中性点的接地叫作工作接地,而设备外露可导电部分的接地叫作保护接地。在 TT 系统中,这两个接地必须是相互独立的。设备接地可以是每一设备都有各自独立的接地装置,也可以若干设备共用一个接地装置。

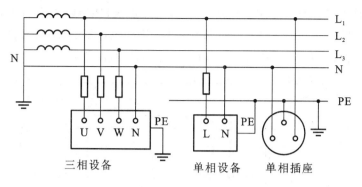

图 5-29 TT 系统

TT 系统设备正常运行时外壳不带电,故障时外壳高电位不会沿 PE 线传递至全系统。因此,TT 系统适用于对电压敏感的数据处理设备及精密电子设备进行供电;在有爆炸与火灾危险性等场所有优势。但是该系统中若有设备因绝缘不良或损坏使其外露可导部分带电时,由于漏电电流一般很小,往往不足以使线路上的过电流保护装置(如熔断器、低压断路器等)动作,从而增加了触电的危险,为了保障人身安全,TT 系统中必须装设灵敏的漏电保护装置。

3) TN 系统

TN 系统就是电源中性点直接接地、设备外露可导电部分与电源中性点有直接电气连接的系统。当设备发生单相接地故障时,就形成单相接地短路,通过短路保护切断电源来实施电击防护。TN 系统中,根据其中性线(N 线)与保护线(PE 线)是否分开而划分为 TN-C 系统、TN-S 系统和 TN-C-S 系统三种形式。

(1) TN-C 系统。

TN-C 系统是将中性线(N 线)和保护线(PE 线)合在一起,由一根称为 PEN 线的导体同时承担两者的功能,如图 5-30 所示。在用电设备处,PEN 线既连接到负荷中性点上,又连接到设备外露的可导电部分。

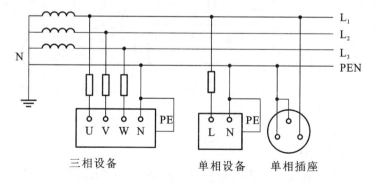

图 5-30 TN-C 系统

TN-C 系统只适用于三相负载基本平衡的情况,当三相负载不平衡时,工作零线上有不平衡电流,对地有电压,所以与保护线所连接的电器设备金属外壳有一定的电压。现在 TN-C 系统已很少被采用,尤其是在民用配电中已基本上不允许采用。

（2）TN-S 系统。

TN-S 系统是指在整个系统中中性线（N 线）与保护线（PE 线）是分开的，如图 5-31 所示。TN-S 系统的最大特征是 N 线与 PE 线在系统中性点分开后，不能再有任何电气连接。该系统适于对安全或抗电磁干扰要求高的场所，是我国目前推广的供电系统。

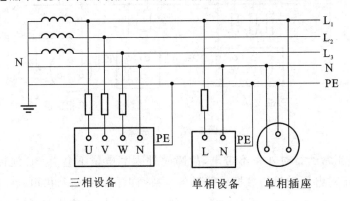

图 5-31　TN-S 系统

（3）TN-C-S 系统。

TN-C-S 系统是 TN-C 系统和 TN-S 系统的结合形式，从电源出来的那一段采用 TN-C 系统，因为在这一段中无用电设备，只起电能的传输作用，到用电负荷附近某一点处，将 PEN 线分开形成单独的 N 线和 PE 线，从这一点开始，TN-C-S 系统相当于 TN-S 系统，如图 5-32 所示。该系统广泛地应用于分散的民用建筑中，特别适合一台变压器供好几幢建筑物用电的系统。

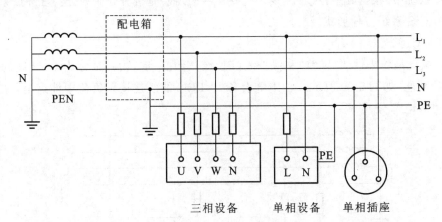

图 5-32　TN-C-S 系统

3. 建筑物的等电位联结

等电位联结是使建筑物电气装置的各外露可导电部分与电气装置外的其他金属可导电部分、人工或自然接地体用导体以恰当的方式连接起来，以达到减少或消除各部分电位差的目的，从而有效地防止人身遭受电击、电气火灾等事故的发生。

1）等电位联结的分类

等电位联结分为总等电位联结（MEB）、局部等电位联结（LEB）和辅助等电位联结（SEB）。

（1）总等电位联结。

总等电位联结作用于整个建筑物，在每一电源进线处，利用联结干线将保护线、接地线的总接线端子与建筑物内电气装置外的可导电部分（如进出建筑物的金属管道、建筑物的金属结构构件等）连接成一体，如图 5-33 所示。

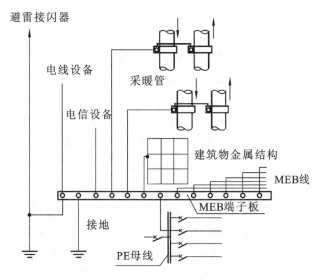

图 5-33　总等电位联结示意图

（2）局部等电位联结。

局部等电位联结是指在局部范围内设置的等电位联结，一般在 TN 系统中，当配电线路阻抗过大、保护动作时间超过规定允许值时或为满足防电击的特殊要求时，需做局部等电位联结。卫生间局部等电位联结示意图如图 5-34 所示。

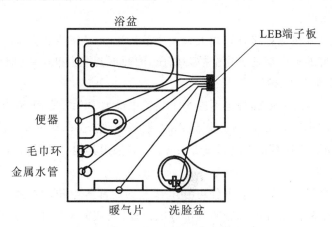

图 5-34　卫生间局部等电位联结示意图

（3）辅助等电位联结。

在建筑物做了等电位联结之后，在伸臂范围内的某些外露可导电部分与装置外可导电部分之间，再用导线附加连接，以使其间的电位相等或接近，称为辅助等电位联结。局部等电位联结可以看作在一局部场所范围内的多个辅助等电位联结。

根据《低压配电设计规范》(GB 50054—2011)的规定,采用接地故障保护时,在建筑物内应做总等电位联结。当电气装置或其某一部分的接地故障保护不能满足规定要求时,应在局部范围内做局部等电位联结。

2)等电位联结的作用

(1)雷击保护。

等电位联结是内部防雷措施的一部分,其将本层柱内主筋、建筑物的金属构架、金属装置、电气装置、电信装置等连接起来,形成一个等电位联结网络,可防止直击雷、感应雷或其他形式的雷,避免雷击引发的火灾、爆炸、生命危险和设备损坏。

(2)静电防护。

静电是指分布在电介质表面或体积内,以及在绝缘导体表面处于静止状态的电荷。静电电量虽然不大,但电压很高,容易产生火花放电,引起火灾、爆炸或电击。等电位联结可以将静电电荷收集并传送到接地网,从而消除和防止静电危害。

(3)电磁干扰防护。

在供电系统故障或直击雷放电过程中,强大的脉冲电流对周围的导线或金属物形成电磁感应,敏感电子设备处于其中,会造成数据丢失、系统崩溃等。通常,屏蔽是减少电磁波破坏的基本措施,在机房系统分界面做的等电位联结,由于保证了所有屏蔽和设备外壳之间良好的电气连接,最大限度地减小了电位差,外部电流不能侵入系统,有效防护了电磁干扰。

(4)触电保护。

卫生间电气设备具有漏电危险,其外壳虽然与 PE 线连接,但仍可能会出现足以引起伤害的电位,发生短路、绝缘老化、中性点偏移或外界雷电而导致卫生间出现危险电位差时,人受到电击的可能性非常大。等电位联结使电气设备外壳与楼板墙壁电位相等,使身体部位间没有电位差而不会被电击,可以极大地避免电击的伤害。

(5)接地故障保护。

如果相线发生完全接地短路,PE 线上会产生故障电压。有等电位联结后,与 PE 线连接的设备外壳及周围环境的电位都处于这个故障电压,因而不会产生电位差引起的电击危险。

3)等电位联结导线的选择

总等电位联结主母线的截面规定不应小于装置中最大 PE 线或 PEN 线截面的一半,但采用铜导线时截面积不应小于 6 mm²;采用铝导线时截面积不应小于 16 mm²,并采取机械保护。采用铜导线作连接线时,其截面积不可超过 25 mm²。如果用其他材质的导线,其截面应能承受与之相当的载流量。

连接装置外露可导电部分与装置外可导电部分的局部等电位联结线,其截面不应小于 PE 线的一半。连接两个外露可导电部分的局部等电位线,其截面不应小于接至这两个外露可导电部分的较小 PE 线的截面。

三、建筑防雷

雷电是一种常见的自然现象,雷击往往会造成极大的危害,如杀伤人畜,引起火灾,造成建筑物倒塌等。特别是随着我国建筑行业的迅猛发展,高层建筑日益增多,如何防止雷电的危害,保证建筑物、设备及人身的安全,显得十分重要。

1. 雷电现象及危害

当空中带电的云层与大地之间或与带异性电荷的云层之间的电场强度达到一定值时,便发生放电,同时伴随有电光和响声,这就是雷电现象。雷云对地面泄放电荷的现象称为雷击。

1) 雷击的形式

(1) 直击雷。

直击雷是指雷电对电气设备或建筑物直接放电,放电时雷电流可达几万甚至几十万安培。强大的雷电流通过建筑物产生大量的热,使建筑物产生劈裂等破坏作用,还能产生过电压破坏绝缘、产生火花、引起燃烧和爆炸等,是危害程度最大的一种雷击形式。直击雷一般采用由接闪器、引下线、接地装置构成的防雷装置防雷。

(2) 雷电感应。

雷电感应是指当雷云出现在建筑物的上方时,由于静电感应,在屋顶的金属上积聚大量异号电荷,在雷云对其他地方放电后,屋顶上原来被约束的电荷对地形成感应雷,其能在建筑物内部引起火花,电磁感应是当雷电流通过金属导体入地时,形成迅速变化的强大磁场,能在附近的金属导体内感应出电势,而在导体回路的缺口处引起火花,发生火灾。雷电感应的防止办法是将感应电荷的屋顶金属通过引下线、接地装置泄入大地。

(3) 雷电波侵入。

雷电波侵入是指由于线路、金属管道等遭受直接雷击或感应雷而产生的雷电波沿线路、金属管道等侵入变电站或建筑物而造成危害。据统计,雷电侵入波占系统雷害事故的50%以上。因此,对其防护问题,应予以重视。一般在线路进入建筑物处安装避雷器进行防护。

2) 雷电的危害

雷电对电网供配电系统与装置以及建筑物危害极大,雷电损坏通常发生在雷电流最大的瞬间,其破坏作用主要表现在以下几个方面。

(1) 雷电的热效应。

遭受雷击的树木、电杆、房屋等,因通过强大的雷电流而产生很大的热量,但在极短的时间内又不易散发出来,所以会使金属熔化,使树木烧焦。尤其是雷电流流过易燃、易爆物体时,会引起火灾或爆炸,造成建筑物倒塌、设备毁坏以及人身伤害等重大事故。

(2) 雷电的机械效应。

当雷电流流过被击物体时,强大的雷电流产生的巨大热量,使物体内的水分急剧蒸发为大量气体,或使物体内缝隙的气体剧烈膨胀,造成内压力剧增,使被击物体劈裂甚至爆炸。另外,雷电流过被击物体时产生的巨大电动力作用,会摧毁电力设备、杆塔和建筑,并伤害人畜。

(3) 雷电的电磁效应。

在雷电流通过的周围,将有强大的电磁场产生,使附近的导体或金属结构以及电力装置中产生很高的感应电压,可达几十万伏,足以破坏一般电气设备的绝缘;在金属结构回路中,接触不良或有空隙的地方,将产生火花放电,引起爆炸或火灾。

2. 防雷装置的组成

为了避免建筑物遭受雷击,保护建筑物内人员的人身安全,在可能遭受雷击的建筑物上,应装设防雷装置。防雷装置的工作原理是吸引雷电流,将雷电流引向自身并安全导入地中,从而保护附近建筑物免遭雷击。防雷装置由接闪器、引下线和接地装置三部分组成。

1) 接闪器

接闪器是吸引和接受雷电流的金属导体,用导电性能很好的金属材料制成,装在建筑物顶部。常见的接闪器的形式有避雷针、避雷带和避雷网。

(1) 避雷针。

避雷针的功能实质是引雷作用,一般用镀锌圆钢或镀锌钢管焊接制成,上部制成针尖形状,利于尖端放电。针长在 1 m 以下时,圆钢直径不得小于 12 mm,钢管直径不得小于 20 mm;针长为 1~2 m 时,圆钢直径不得小于 16 mm,钢管直径不得小于 25 mm。避雷针适用于保护细高的建筑物或构筑物,如烟囱、水塔等。

(2) 避雷带。

避雷带水平敷设在建筑物顶部突出部位,如屋脊、屋檐、女儿墙、山墙等位置,对建筑物易受雷击部位进行保护。避雷带一般采用镀锌圆钢或扁钢制成,圆钢的直径不得小于 8 mm,扁钢的截面积不得小于 48 mm²,厚度不得小于 4 mm。避雷带进行安装时,每隔 1 m 用支架固定在墙上或现浇在混凝土的支座上。

(3) 避雷网。

避雷网是金属导体做成网状的一种接闪器。网格不应大于 10 m,使用的材料与避雷带相似,网格的交叉点必须进行焊接。避雷网宜采用暗装,其距离屋面层一般不大于 20 mm。

通常最好采用明装避雷带与暗装避雷网相结合的方法,以减少接闪时在屋面层上击出的小洞。避雷网又可以看成是可靠性更高的多行交错的避雷带,既是接闪器,又是防感应雷危害的装置。

2) 引下线

引下线的作用是将接闪器接收到的雷电流引至接地装置。引下线一般采用圆钢或扁钢制成,圆钢直径不小于 8 mm,扁钢截面积不小于 48 mm²,厚度不小于 4 mm,在易受腐蚀的部位,其截面积应适当增大。

引下线的安装方式可分为明敷设和暗敷设两种。明敷设是沿建筑物外墙敷设,敷设时应保持一定的松紧度,并尽量短而直,若必须弯曲,弯角应大于 90°。引下线应敷设于人们不易触及之处,在地下 0.3 m 到地上 1.7 m 的一段引下线应加保护设施,以避免机械损坏和人身接触。为了便于测量接地电阻和校验防雷系统的连接情况,应在各引下线距地面 0.3 m 至 1.8 m 之间装设断接卡子。暗敷设是将引下线砌于墙内或利用建筑物柱内的对角主筋可靠焊接而成。若利用柱内钢筋作引下线,可不设断接卡子,但应在外墙距地面 0.3 m 处设连接板,以便测量接地电阻。

3) 接地装置

接地装置的作用是接收引下线传来的雷电流,并以最快的速度将其泄入大地,接地装置包括接地母线和接地体两部分。

接地母线是用来连接引下线和接地体的金属导体,常采用截面积不小于 25 mm × 4 mm 的扁钢。

接地体分为自然接地体和人工接地体。自然接地体是指兼作接地体用的、与大地有可靠连接的建筑物的钢结构和钢筋、行车的钢轨、埋地的金属管道等。利用自然接地体时,一定要保证良好的电气连接,在建(构)筑物结构的结合处,除已焊接者外,凡用螺栓连接或其他连接的,都要采用跨接焊接,而且跨接线不得小于规定值。在设计和装设接地装置时,首先应充分利用自然接地体,以节约投资。如果实地测量所利用的自然接地体电阻已能满足要求,而且这些自然接地体又满足热稳定条件,可不必再装设人工接地装置。人工接地体是指人为埋入地下的金属导体,有垂直埋设和水平埋设两种基本结构形式,如图 5-35 所示。人工接地体一般采用钢管、圆钢、角钢或扁钢等安装和埋入地下,但不应埋设在垃圾堆、炉渣和强烈腐蚀性土壤处。最常用的垂直接地体为直径 50 mm、长 2.5 m 的钢管,这是最为经济合理的。

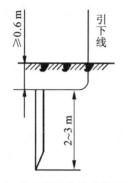
（a）垂直埋设的棒形接地体

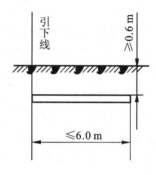
（b）水平埋设的带形接地体

图 5-35　人工接地体

3. 防雷措施

建筑物根据其重要性、使用性质、发生雷击事故的可能性和后果,按防雷规范要求分为三类。

1) 第一类防雷建筑物及防雷措施

第一类防雷建筑物是指具有特别重要用途的建筑物,如:国家级会堂、办公建筑、档案馆、大型博展建筑;特大型、大型铁路车站;国际性的航空港、通信枢纽;国家级宾馆、大型旅游建筑、国际港口客运站等。另外,还包括国家级重点文物保护的建筑物和构筑物及高度超过 100 m 的建筑物。

第一类防雷建筑物的主要防雷措施如下。

（1）防直击雷的接闪器应采用装设在屋角、屋脊、女儿墙或屋檐上的避雷带,并在屋面上装设不大于 10 m×10 m 的网格。

（2）为了防止雷电波的侵入,进入建筑物的各种线路及金属管道宜采用全线埋地引入,并在入户端将电缆的金属外皮、钢管及金属管道与接地装置连接。

（3）对于高层建筑,应采取防侧击雷和等电位措施。

2) 第二类防雷建筑物及防雷措施

第二类防雷建筑物是指重要的或人员密集的大型建筑物,如部、省级办公楼,省级会堂,博展、体育、交通、通信、广播等建筑,以及大型商店、影剧院等。另外,还包括省级重点文物保护的建筑物和构筑物,19 层以上的住宅建筑和高度超过 50 m 的其他民用建筑物,省级以上大型计算中心和装有重要电子设备的建筑物等。

第二类防雷建筑物的主要防雷措施如下。

（1）防直击雷宜采用装设在屋角、屋脊、女儿墙或屋脊上的环状避雷带，并在屋面上装设不大于 15 m×15 m 的网格。

（2）为了防止雷电波的侵入，当低压线路全长采用埋地电缆或架空金属线槽的电缆引入时，在入户端将电缆金属外皮、金属线槽接地，并与防雷接地装置相连。

（3）其他防雷措施与一级防雷措施相同。

3）第三类防雷建筑物及防雷措施

第三类防雷建筑物包括：通过调查确定需要防雷的建筑物；建筑群中最高或位于建筑物边缘高度超过 20 m 的建筑物；高度为 15 m 以上的烟囱、水塔等孤立的建筑物或构筑物，在雷电活动较弱地区（年平均雷暴日不超过 15 天的地区）其高度可为 20 m 以上；历史上雷害事故严重地区或雷害事故较多地区的较重要建筑物。

第三类防雷建筑物的主要防雷措施如下。

（1）防直击雷宜在建筑物屋角、屋檐、女儿墙或屋脊上装设避雷带或避雷针，当采用避雷带保护时，应在屋面上装设不大于 20 m×20 m 的网格。对防直击雷装置引下线的要求，与一级防雷建筑物的保护措施对防直击雷装置引下线的要求相同。

（2）为了防止雷电波的侵入，应在进线端将电缆的金属外皮、钢管等与电气设备接地相连。若电缆转换为架空线，应在转换处装设避雷器。

任务 4 智能建筑

一、智能建筑概述

智能建筑（intelligent building，缩写为 IB）是建筑电气的一个重要组成部分，它是传统建筑工程和信息技术相结合的必然产物，是将计算机技术、通信技术、自动控制技术与建筑技术相结合建立起的一个庞大综合网络。智能建筑以其高效、安全、舒适和适应信息社会要求等特点，成为世界各类建筑特别是大型建筑的主流。

1. 智能建筑的定义

所谓智能建筑，就是在智能建筑环境内，由系统集成中心（SIC）通过综合布线系统（PDS）来控制 3A（BA，建筑设备自动化；CA，通信自动化；OA，办公自动化）系统，实现高度信息化、自动化及舒适化的现代建筑物，如图 5-36 示。

（1）美国智能建筑学会（AIBI，American Intelligent Building Institute）认为，智能建筑是对建筑结构、建筑设备（机电系统）、供应和服务、管理水平这四个基本要素进行最优化组合，为用户提供一个高效率并具有经济效益的环境。

（2）日本智能建筑研究会认为，智能建筑应提供包括商业支持功能、通信支持功能等在内的高度通信服务,并能通过高度自动化的大楼管理体系保证舒适的环境和安全,以提高工作效率。

(3) 欧洲智能建筑集团认为,智能建筑是使其用户发挥最高效率,同时又以最低的保养成本、最有效地管理本身资源的建筑,能够提供一个反应快、效率高和有支持力的环境以使用户实现其业务目标。

(4) 我国智能建筑是指利用系统集成方法,将 3C 技术(计算机技术、控制技术、通信技术)与建筑艺术有机结合,通过对设备的自动监控、对信息资源的管理和对使用者的信息服务及其与建筑的优化组合,所获得的投资合理、适合信息社会需要并且具有安全、高效、舒适、便利和灵活等特点的建筑物。

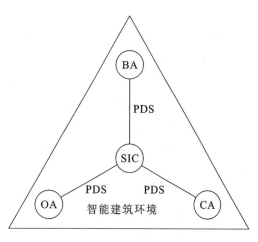

图 5-36 智能建筑结构示意图

尽管各个组织对智能建筑的定义有不同的文字表述,但其内涵是基本一致的,都以实现高效、舒适、便捷、安全的建筑环境空间为目的。

2. 智能建筑的组成和功能

智能建筑总体功能示意图如图 5-37 所示。

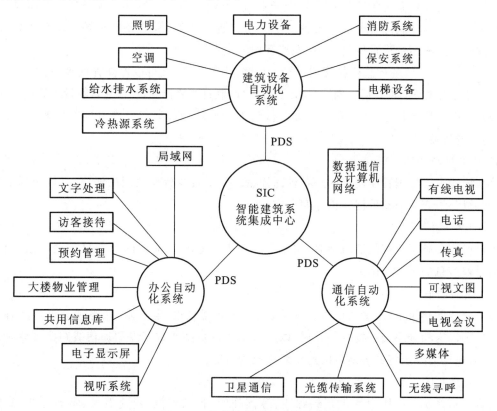

图 5-37 智能建筑总体功能示意图

1）智能建筑系统集成中心（SIC）

系统集成中心具有各个智能系统信息总汇集和各类信息的综合管理的功能。具体要达到以下三个方面的要求。

（1）汇集建筑物内外各种信息。接口界面要标准化、规范化，以实现各智能系统之间的信息交换及通信协议（接口、命令等）。

（2）对建筑物各智能系统进行综合管理。

（3）对建筑物内各种网络进行管理，必须具有很强的信息处理及数据通信能力。

2）综合布线系统（PDS）

综合布线系统是一种集成化通用传输系统，利用无屏蔽双绞线（UTP）或光纤来传输智能建筑或建筑群内的语言、数据、监控图像和楼宇自控信号。

PDS是智能建筑连接3A系统各种控制信号必备的基础设施，目前已被广泛应用。PDS通常是由工作区（终端）子系统、水平布线子系统、垂直干线子系统、管理子系统、设备子系统及建筑群室外连接子系统等六个部分组成。它采用积木式结构、模块化设计，实施统一标准，完全能满足智能建筑高效、可靠、灵活性强的要求。

3）建筑设备自动化（BA）系统

建筑设备自动化系统是以中央计算机为核心，对智能建筑中的暖通、空调、电力、照明、供排水、消防、电梯等设备或系统，进行监控和管理。

建筑设备自动化系统包括建筑物管理子系统、安全保卫子系统和能源管理子系统等。BA系统日夜不停地对建筑的各种机电设备的运行情况进行监控，采集各处现场信息自动处理，并按预置程序和随机指令进行控制。BA系统有如下优点。

（1）集中、统一地进行监控和管理，既可以节省大量人力，又可以提高管理水平。

（2）可建立完整的设备运行档案，加强设备管理，制订检修计划，确保建筑物设备的运行安全。

（3）可实时监测电力用量、最优开关运行和工作循环最优运行等多种能量监管，可节约能源，提高经济效益。

4）通信自动化（CA）系统

该系统能高速处理智能建筑内外各种图像、文字、语言及数据之间的通信，具体包括卫星通信、图文通信、语言通信及数据通信等四个方面。

（1）卫星通信。

卫星通信突破了传统的地域观念，实现了相距万里近在眼前的国际信息交往联系，起到了零距离时差信息的重要作用。

（2）图文通信。

在当今智能建筑中，图文通信可实现传真、可视数据检索、电子邮件、电视会议等多种通信业务。数字传送和分组交换技术的发展，以及采用大容量高速数字专用通信线路实现多种通信方式，使得根据需要选定经济高效的通信线路成为可能。

（3）语言通信。

语言通信系统可给用户提供预约呼叫、等候呼叫、自动重拨、快速拨号、转向呼叫、直接拨入、用户账单报告、语言邮政等上百种不同特色的通信服务。

（4）数据通信。

数据通信可供用户建立区域网，以连接其办公区内电脑及其外部设备完成电子数据交换（EDI）业务。多功能自动交换系统还可使不同售主的电脑之间进行通信。

5）办公自动化（OA）系统

办公自动化系统是利用技术的手段提高办公的效率，进而实现办公自动化处理的系统。它是利用计算机技术、通信技术、多媒体技术等先进技术，借助于各种办公软件，并由这些办公设备与办公人员构成服务于某种办公目标的信息系统。

3. 智能建筑的特点

1）系统高度集成

从技术角度看，智能建筑与传统建筑最大的区别就是智能建筑各智能化系统的高度集成。智能建筑系统集成，就是将智能建筑中分离的设备、子系统、功能、信息，通过计算机网络集成为一个相互关联的、统一协调的系统，实现信息、资源、任务的重组和共享。智能建筑安全、舒适、便利、节能、节省人工费用的特点必须依赖集成化的建筑智能化系统才能得以实现。

2）节能

以现代化商厦为例，其空调与照明系统的能耗很大，约占大厦总能耗的70％。在满足使用者对环境要求的前提下，智能大厦应通过其"智能"，尽可能利用自然光和大气冷量（或热量）来调节室内环境，以最大限度地减少能源消耗。

3）节省运行维护的人工费用

依赖智能化系统的智能化管理功能，可发挥其作用来降低机电设备的维护成本，同时由于系统高度集成，系统的操作和管理也高度集中，人员安排更合理，因此人工成本降到最低。

4）安全、舒适和便捷的环境

智能建筑首先确保人、财、物的高度安全以及具有对灾害和突发事件的快速反应能力。智能建筑提供室内适宜的温度、湿度和新风，以及多媒体音像系统、装饰照明、公共环境背景音乐等，可大大提高人们的工作、学习和生活质量。智能建筑通过建筑内外的电话、电视、计算机局域网、因特网等现代通信手段和各种基于网络的业务办公自动化系统，为人们提供了一个高效便捷的工作、学习和生活环境。

二、火灾自动报警及消防联动系统

智能建筑火灾自动报警及消防联动系统在智能建筑中通常被作为智能建筑三大体系中的BA系统的一个非常重要的独立子系统。整个系统的运作，既能通过建筑物智能系统的综合网络结构来实现，又可以在完全摆脱其他系统或网络的情况下独立工作。

当建筑物发生火灾时，火灾自动报警及消防联动系统要及时探测、鉴别并启动通信系统自动对外报警，根据各楼层人员情况显示最佳疏导、营救方案，启动各类自动消防子系统，同时自动关闭不必要的电力系统和办公系统，并根据火灾状态分配供水系统，启动防排烟设施等。

1. 火灾自动报警系统

火灾自动报警系统（FAS）的作用是及早发现和通报火灾，并及时采取有效措施控制和扑灭

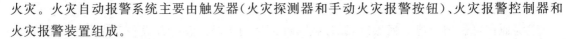

火灾。火灾自动报警系统主要由触发器(火灾探测器和手动火灾报警按钮)、火灾报警控制器和火灾报警装置组成。

1) 火灾探测器

火灾探测器是火灾自动报警系统最关键的部件之一,它是以探测物质燃烧过程中产生的各种物理现象为依据,是整个系统自动检测的触发器件,能不间断地监视和探测被保护区域的火灾初期信号。

根据火灾探测器探测火灾参数的不同,可分为感烟式火灾探测器、感温式火灾探测器、感光式火灾探测器、可燃气体火灾探测器和复合式火灾探测器等主要类型。

(1) 感烟式火灾探测器。

感烟式火灾探测器对燃烧或热解产生的固体或液体微粒予以响应,可以探测物质初期燃烧所产生的气溶胶或烟粒子浓度。感烟式火灾探测器作为前期、早期火灾报警是非常有效的。

(2) 感温式火灾探测器。

感温式火灾探测器是响应异常温度、温升速率和温差等火灾信号的火灾探测器。常用的有定温式、差温式和差定温式三种。

① 定温式探测器:按感温元件的不同有机械式和电子式两种,当环境温度达到或超过规定值时,探测器发出报警信号。

② 差温式探测器:当火灾发生时,室内局部温度将以超过常温数倍的异常速率升高,差温式探测器是以环境温度升高的速率为参数而动作的。

③ 差定温式探测器:在差温式探测器的基础上附加一个定温元件,即成为差定温式探测器,它兼有定温式探测器和差温式探测器两者的特性,探测空间的温度急剧变化时依靠差温元件动作,而温度缓慢变化时依靠定温元件动作。

(3) 感光式火灾探测器。

感光式火灾探测器又称火焰探测器或光辐射探测器,它对光能够产生敏感反应。按照火灾的规律,发光是在烟生成及高温之后,因而感光式火灾探测器属于火灾晚期报警的探测器,适用于火灾发展迅速,有强烈的火焰和少量的烟、热,基本上无阴燃阶段的火灾。

(4) 可燃气体火灾探测器。

可燃气体火灾探测器是一种能对空气中可燃气体浓度进行检测并发出报警信号的火灾探测器。它通过测量空气中可燃气体爆炸下限以内的含量,以便当空气中可燃气体浓度达到或超过报警设定值时自动发出报警信号,提醒人们及早采取安全措施,避免事故发生。可燃气体火灾探测器除具有预报火灾、防火、防爆功能外,还可以起到监测环境污染的作用,目前主要用于宾馆厨房或燃料气储备间、汽车库、压气机站、过滤车间、溶剂库、炼油厂、燃油电厂等存在可燃气体的场所。

(5) 复合式火灾探测器。

复合式火灾探测器是可以响应两种或两种以上火灾参数的火灾探测器,主要有感温感烟型、感光感烟型、感光感温型等。

2) 手动火灾报警按钮

手动火灾报警按钮主要安装在经常有人出入的公共场所中明显和便于操作的部位。当发现有火情时,可手动按下按钮,向报警控制器送出报警信号。手动火灾报警按钮比探测器报警更紧急,一般不需要确认。因此,手动报警按钮要求更可靠、更确切,处理火灾要求更快。

3）火灾报警控制器

火灾报警控制器是火灾自动报警系统的重要组成部分。在火灾自动报警系统中,火灾探测器是系统的"感觉器官",随时监视周围环境的情况,而火灾报警控制器则是该系统的"躯体"和"大脑",是系统的核心,它可以独立构成自动监测报警系统,也可以与灭火装置等构成完整的火灾自动监控消防系统。

（1）火灾报警控制器的功能。

① 接收探测信号,转换成声、光报警信号,指示着火部位和记录报警信息。

② 通过火警发送装置启动火灾报警信号,或通过自动灭火控制装置启动自动灭火设备和联动控制设备。

③ 自动监视系统的正确运行和对特定故障给出声光报警（自检）。

（2）火灾报警控制器的作用。

① 向火灾探测器提供高稳定度的直流电源。

② 监视连接各火灾探测器的传输导线有无故障。

③ 接收火灾探测器发送的火灾报警信号,迅速、正确地进行转换和处理,并以声、光等形式指示火灾发生的具体部位,进而发送消防设备的启动控制信号。

火灾报警控制器的分类如图 5-38 所示。

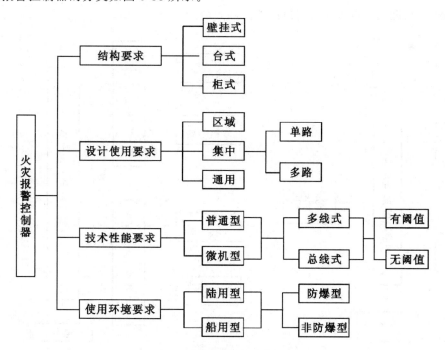

图 5-38 火灾报警控制器的分类

4）火灾报警装置

火灾报警装置包括故障指示灯、故障蜂鸣器、火灾事故光字牌和火灾警铃等。报警装置以声、光报警的形式向人们提示火灾与事故的发生,并且能记忆和显示火灾与事故发生的时间和地点。现代消防系统的报警装置通常分为预告报警与紧急报警两部分。两者的区别在于:预告报警表示火灾探测器已经动作,即探测器已经探测到火灾信息,但火灾处于燃烧的初期,如果此时能用人工方法,火灾能够被及时扑灭而不必动用消防系统的灭火设备;紧急报警则表示火灾已经被确认,即火灾已经发生,需要动用消防系统的灭火设备快速扑灭火灾。

5)火灾自动报警系统的分类

火灾自动报警系统的结构形式是多种多样的,根据火灾自动报警系统联动功能的复杂程度及报警系统保护范围的大小,可将火灾自动报警系统分为区域火灾报警系统、集中火灾报警系统和控制中心火灾报警系统。

(1)区域火灾报警系统。

区域火灾报警系统通常由火灾探测器、手动火灾报警按钮、区域火灾报警控制器、火灾报警装置和电源组成,如图 5-39 所示。区域火灾报警系统的保护对象仅为建筑物中某一局部范围或某一措施。区域火灾报警控制器往往是第一级的监控报警装置,应设置在有人值班的房间或场所,如保卫室、值班室等。

(2)集中火灾报警系统。

集中火灾报警系统主要由火灾探测器、区域火灾报警控制器、集中火灾报警控制器等组成,如图 5-40 所示。集中火灾报警系统一般适用于保护对象规模较大的场合,如高层住宅、商住楼和办公楼等。集中火灾报警控制器是区域火灾报警控制器的上位控制器,它是建筑消防系统的总监控设备,其功能比区域火灾报警控制器更加齐全。

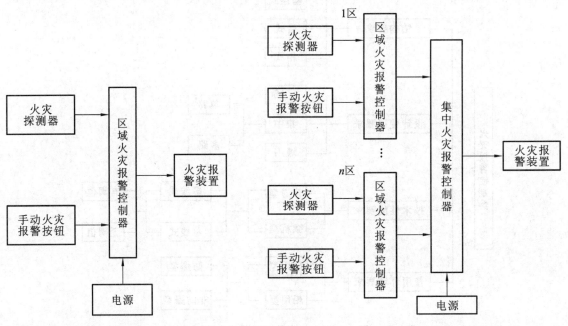

图 5-39　区域火灾报警系统示意图　　　　图 5-40　集中火灾报警系统示意图

(3)控制中心火灾报警系统。

控制中心火灾报警系统由火灾探测器、手动火灾报警按钮、区域火灾报警控制器、集中火灾报警控制器、消防联动控制设备、电源及火灾报警装置、火警电话、火灾应急照明、火灾应急广播和联动装置等组成,如图 5-41 所示。控制中心火灾报警系统一般适用于规模大的、一级以上的保护对象,因该类型建筑物建筑规模大,建筑防火等级高,消防联动控制功能多。

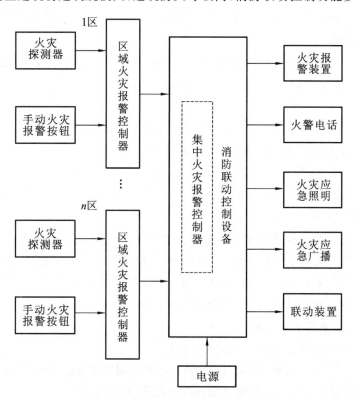

图 5-41 控制中心火灾报警系统示意图

2. 消防联动控制系统

1) 消防控制设备的构成

消防控制设备由下列部分或全部控制装置组成:

(1) 火灾报警控制器;

(2) 自动灭火系统控制装置;

(3) 室内消火栓系统控制装置;

(4) 防烟、排烟系统及通风空调系统控制装置;

(5) 防火门、防火卷帘控制装置;

(6) 电梯回降控制装置;

(7) 消防应急广播控制装置;

(8) 火灾警报装置控制装置;

(9) 火灾应急照明与疏散指示标志控制装置。

2) 消防控制室联动控制的一般要求

(1) 控制消防设备的启、停,并应显示其工作状态。

(2) 消防水泵、防烟和排烟风机的启、停,除自动控制外,还应能手动直接控制。

（3）显示火灾报警、故障报警部位。

（4）显示保护对象的重点部位、疏散通道及消防设备所在位置的平面图或模拟图等。

（5）显示系统供电电源的工作状态。

（6）消防控制室在确认火灾后，应能切断有关部位的非消防电源，并接通警报装置及火灾应急照明灯和疏散标志灯。

（7）消防控制室在确认火灾后，应能控制电梯全部停于首层，并能接收其反馈的信号。

3）火灾警报装置与应急广播的控制程序要求

控制程序：

（1）二层及以上的楼房发生火灾，应先接通着火层及其相邻的上、下层；

（2）首层发生火灾，应先接通本层、二层及地下各层；

（3）地下室发生火灾，应先接通地下各层及首层；

（4）含多个防火分区的单层建筑发生火灾，应先接通着火的防火分区及其相邻的防火分区。

控制方法和显示要求：

（1）消防控制室应能显示处于应急广播状态的广播分区、预设广播信息；

（2）消防控制室应能分别通过手动和按照预设控制逻辑自动控制选择广播分区、启动或停止应急广播，并在扬声器进行应急广播时自动对广播内容进行录音；

（3）消防控制室应能显示应急广播的故障状态。

4）自动喷水灭火系统联动控制要求

（1）消防控制室应能显示喷淋泵电源的工作状态。

（2）消防控制室应能显示系统的喷淋泵的启、停状态和故障状态，显示水流指示器、信号阀、报警阀、压力开关等设备的正常工作状态和动作状态等信息。

（3）消防控制室应能自动和手动控制喷淋泵的启动，手动控制停泵，并能接收和显示喷淋泵的反馈信号。

5）消火栓给水系统联动控制要求

（1）消防控制室应能显示消防水泵电源的工作状态。

（2）消防控制室应能显示系统的消防水泵的启、停状态和故障状态，并能显示消火栓按钮的工作状态、物理位置、消防水箱（池）水位、管网压力报警等信息。

（3）消防控制室应能自动和手动控制消防水泵的启动，手动控制停泵，并能接收和显示消防水泵的反馈信号。

6）气体灭火系统联动控制要求

（1）显示系统的手动、自动工作状态及故障状态。

（2）在报警、喷射各阶段，控制室应有相应的声、光警报信号，并能手动切除声响信号。

（3）在延时（0～30 s）阶段，应自动关闭防火门、窗，停止通风空调系统，关闭有关部位的防火阀。

（4）显示气体灭火系统防护区的报警、喷放及防火门（帘）、通风空调等设备的状态。

7）防火卷帘联动控制要求

（1）疏散通道上防火卷帘两侧，应设置火灾探测器组及其警报装置，且两侧应设置手动控制按钮。

（2）疏散通道上防火卷帘在感烟探测器动作后,卷帘下降距地面 1.8 m,感温探测动作后,卷帘下降到底。

（3）用作防火分隔的防火卷帘,火灾探测器动作后,应降到底。

（4）感烟、感温探测器的报警信号及防火卷帘关闭信号应送至消防控制室。

8) 火灾报警后防排烟联动控制要求

（1）消防控制室应能显示防烟排烟风机电源的工作状态。

（2）消防控制室应能显示防烟排烟系统的手动、自动工作状态及系统内的防烟排烟风机、排烟防火阀、常闭送风口、常闭排烟口的动作状态。

（3）消防控制室应能控制系统的启、停及系统内的防烟排烟风机、常闭送风口、常闭排烟口和消防电动装置所控制的电动防火阀、电动排烟防火阀、电控挡烟垂壁的开与关,并能显示其反馈信号。

（4）消防控制室应能停止相关部位正常通风的空调,并能接收和显示通风系统内防火阀关闭的反馈信号。

9) 泡沫灭火系统联动控制要求

（1）消防控制室应能显示消防水泵、泡沫液泵电源的工作状态。

（2）消防控制室应能显示系统的手动、自动工作状态及故障状态。

（3）消防控制室应能显示消防水泵、泡沫液泵、管网电磁阀的正常工作状态和动作状态。

（4）消防控制室应能自动和手动控制消防水泵和泡沫液泵的启动,手动控制停泵,并能接收和显示泵的动作反馈信号。

10) 干粉灭火系统

（1）消防控制室应能显示系统的手动、自动工作状态及故障状态。

（2）消防控制室应能显示系统的阀门驱动装置的正常工作状态和动作状态,并能显示防护区域中的防火门窗、防火阀、通风空调等设备的正常工作状态和动作状态。

（3）消防控制室应能显示干粉气瓶组的压力报警信号。

（4）消防控制室应能自动和手动控制系统的启动和停止,并显示延时状态信号、压力反馈信号和停止信号,显示喷洒各阶段的动作状态。

11) 电梯

（1）消防控制室应能控制所有电梯全部回降于首层开门停用,其中消防电梯开门待用,并能在发生火灾时显示电梯所在楼层。

（2）消防控制室应能显示所有电梯的故障状态和停用状态。

12) 消防电话

（1）消防控制室应能与各消防电话分机通话,并具有插入通话功能。

（2）消防控制室应能接收来自消防电话插孔的呼叫,并能通话。

（3）消防控制室应有消防电话通话录音功能。

（4）消防控制室应能显示消防电话的故障状态。

13) 消防应急照明和疏散指示

（1）消防控制室应能手动控制自带电源型消防应急照明和疏散指示系统的主电工作状态和

应急工作状态。

（2）消防控制室应能分别通过手动和自动控制集中电源型消防应急照明和疏散指示系统或集中控制型消防应急照明和疏散指示系统从主电工作状态切换到应急工作状态。

（3）消防控制室应能显示消防应急照明和疏散指示系统的故障状态和应急工作状态。

三、安全防范系统

建筑安全防范系统是指通过人力防范（简称人防）、实体防范（简称物防）、技术防范（简称技防）对建筑物的主要环境，包括内部环境和周边环境进行全面有效的全天候监视，对建筑物内部的人身、财产、文件资料、设备等安全起着重要的保障作用；为建筑物内的人员和财产营造了安全而舒适的环境，同时也为建筑物的管理人员提供了最大便利性和安全性。

安全防范系统主要包括防盗报警系统、出入口控制系统。

1. 防盗报警系统（入侵报警系统）

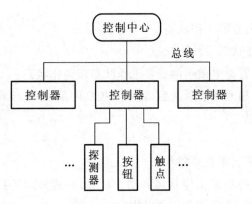

图 5-42　防盗系统结构示意图

防盗报警系统是安全防范自动化系统的一个子系统。它可对设防区域的非法侵入、盗窃、破坏和抢劫等，进行实时有效的探测和报警，并具有报警复核的功能。该系统一般由探测器、控制器和控制中心等组成，如图 5-42 所示。

1）探测器

探测器是防盗报警系统最前端的输入设备，也是整个报警系统中的关键部分，它在很大程度上决定着报警系统的性能、用途和报警系统的可靠性，是降低误报和漏报的决定性因素。

探测器通常由传感器和信号处理器组成。有的探测器只有传感器，没有信号处理器。传感器是探测器的核心部分，它是一种物理量的转换装置。传感器把测到的物理量如压力、位移、振动、温度、声音等转化成电量，如电流、电压、电阻等，然后将电量传送到控制器。

防盗报警系统常用的探测器的类型如下。

（1）开关探测器。

开关探测器是防盗系统中最基本、简单而经济有效的探测器。它可以将压力、磁、声或位移等物理量转化成电压或电流。开关探测器一般安装于门窗上，线路的连接可分为常开和常闭两种。由于开关探测器具有结构简单、使用可靠、寿命较长、价格低廉等优点，因此被广泛应用于安全防范系统中。在大型安全系统中，开关探测器最常被用来做第一线的防护，然后再由其他探测器配合，形成较周密的监控网。

（2）声控探测器。

声控探测器用微声器作传感器，以监测入侵者在防范区域内走动或作案时发出的声响，将此声响转换为电信号，经传输线送入报警电路，在现场声响强度达到一定值时，启动报警装置发出声光报警,声控探测器通常与其他类型的探测装置配合使用,作为报警复核装置,可以大大降低误报及漏报率。

(3) 振动探测器。

振动探测器按照原理可分为机械惯性式振动探测器及压电效应式振动探测器两种。机械惯性式振动探测器是利用软簧片终端的重锤,当受到振动时产生惯性摆动,振幅够大时,即碰触到旁边另一金属片因而引发报警。压电效应式振动探测器是利用压电材料因振动产生的机械形变而产生电荷,由此电荷的大小来判断振动的幅度,并借此电路来调整灵敏度,目前,机械惯性式振动探测器较容易锈蚀,且体积也较大,因此逐渐以压电效应式振动探测器为主。

(4) 玻璃破碎探测器。

玻璃破碎探测器一般是黏附在玻璃上,利用振动传感器在玻璃破碎时产生的 2 kHz 特殊频率感应出警报信号。它对一般行驶车辆或风吹门、窗时产生的振动信号没有响应。

为了最大限度地降低误报,目前玻璃破碎探测器采用了双鉴探测器技术,其特点是需要同时探测到玻璃破碎时产生的振动和音频声响才会产生报警信号,因而不会产生误报,增加了报警系统的可靠性,适合于昼夜防范。

(5) 微波生物体移动探测器。

微波生物体移动探测器是利用超高频无线电波的多普勒频移来进行探测,由于它的频率与雷达所用的频率相近,故有人称之为雷达报警器,其实这并不合适,因为真正的雷达除了能够测出物体的出现以外,还能够测出物体的方位、距离与速度等。由于微波的辐射可穿过干的水泥墙及玻璃,在使用时需考虑方向与位置的问题。

2) 控制器

防盗报警控制器应能直接或间接接收来自防盗报警探测器发出的入侵报警信号,发出声光报警,并能指示入侵发生的部位。声光报警信号应能保持到手动复位,复位后,如果再有入侵报警信号输入,应能重新发出声光报警信号。另外,防盗报警控制器还能向与该机连接的全部探测器提供直流工作电压。

3) 控制中心(报警中心)

通常为了实现区域性的防范,即把几个需要防范的小区联网到一个警戒中心。在危险情况发生时,各个区域的报警控制器的电信号通过电话线、电缆、光缆或无线电波传到控制中心。同样,控制中心的命令或指令也能回送到各区域的报警值班室,以构成互动和相互协调的安全防范网络,加强防范的力度。

2. 出入口控制系统(门禁控制系统)

出入口控制系统(ACS)又称为门禁控制系统,目的是对人的出入进行管理,保证授权人员自由出入,限制未授权人员进入,对于强行闯入的行为予以报警,并同时对出入人员代码、出入时间、出入门代码等情况进行登录与存储,从而确保区域的安全,实现智能化管理。

1) 出入口控制系统的基本组成

出入口控制系统主要由出入凭证的检验装置、出入口控制主机、出入口自控锁三部分组成。

(1) 出入凭证的检验装置。

通过对出入凭证的检验,判断出入人员是否有授权出入。只有出入者的出入凭证正确才予以放行,否则将拒绝其出入。出入凭证的种类很多,如:以各种卡片作为出入凭证,有磁卡、条码卡、IC 卡、威根卡等;以输入个人识别码为凭证,主要有固定键盘及乱序键盘输入技术;以人体生物特征作为判别凭证,如指纹、掌形、视网膜等。

(2) 出入口控制主机。

出入口控制主机可根据保安密级要求,设置出入门管理法则。既可对出入人员按多重控制原则进行管理,也可对出入人员实现时间限制等,并能对允许出入人员的有关信息出入检验过程等进行记录,还可随时打印和查阅。

(3) 出入口自控锁。

出入口自控锁,由控制主机控制根据出入凭证的检验结果来决定启闭,从而最终实现是否允许人员出入。各类锁具的工作方式可分为两种。

掉电时可出入方式:这类锁具在电源故障时处于开锁状态,从而在紧急情况下可以出入。

掉电时安全方式:这类锁具在电源故障时处于锁住状态,即在紧急情况下仍能保证安全。大多数出入口控制系统适合于这种方式。

2) 出入口控制系统的基本功能

(1) 可依照用户的使用权限设置在什么日期,什么时间,可通过哪些门。对所有门均可在软件中设定门的开启时间、重锁时间以及每天的固定常开时间。

(2) 对进入系统管理区域的人所处位置以及进入该区域的次数做详细的实时记录。当有人非法闯入或某个门被强迫打开时,系统可以实时记录并报警。

(3) 可与报警系统联动,产生防盗报警后,系统可立即封锁相关的门。

(4) 可与闭路监视系统联动,当产生报警时,系统可联动视频录像或切换矩阵主机监视报警画面。

(5) 出入口系统可与消防系统联动,在发生火灾时,打开所有或预先设定的门。

(6) 系统还可控制电梯、保温、通风、紧急广播、空气调节和照明等系统。

(7) 系统可按用户要求在现有的基础上扩充其他子系统,如人事考勤管理、巡查、消费(食堂、餐厅收费)管理和停车管理子系统,内部医疗、自动售货、资料借阅等子系统,充分发挥一卡多用功能。各应用子系统自成管理体系,同时通过网络互联,成为一个完整的一卡通管理系统。这种应用方式既满足了各个职能管理的独立性,又保证了用户整体管理的一致性。

3. 楼宇对讲系统

楼宇对讲系统主要应用于住宅,可以是大面积的住宅小区,也可以是单栋的楼宇住宅。楼宇对讲系统是利用语音技术、视频技术、控制技术和计算机技术实现楼宇内外业主和访客间的语音、视频对讲和通话的系统,通过扩展可实现信息发布、家电控制、安防报警、录音和录像等功能。

1) 楼宇对讲系统的工作方式

楼门平时总处于闭锁状态,避免非本楼人员在未经允许的情况下进入楼内,本楼内的住户可以用钥匙自由地出入大楼。当有客人来访时,客人需在楼门外的对讲主机键盘上按出欲访住户的房间号,呼叫欲访住户的对讲分机。被访住户的主人通过对讲设备与来访者进行双向通话或可视通话,通过来访者的声音或图像确认来访者的身份。确认可以允许来访者进入后,住户的主人利用对讲分机上的开锁按键,控制大楼入口门上的电控门锁打开,来访客人方可进入楼内。来访客人进入楼后，楼门自动闭锁。小区物业管理部门通过小区安全对讲管理主机，可以对小区内各住宅楼安全对讲系统的工作情况进行监视。如有住宅楼入口门被非法打开、安全对讲主机或线路出现故障，小区安全对讲管理主机会发出报警信号、显示出报警的内容及地点。小区物业管理部门与住户之间或住户与住户之间可以用该系统相互进行通话。如物业管理部门通知住户交各种费用，住户通知物业管理部门对住宅设施进行维修，住户在紧急情况下向小区的管理人员或邻里报警求救等。

2) 楼宇对讲系统的基本结构

楼宇对讲系统主要由主机、室内分机、UPS 电源、电控锁和闭门器等组成。

（1）主机。

主机是楼宇对讲系统的控制核心部分，每一户分机的传输信号以及电锁控制信号等都通过主机控制，它用于实现来访者与住户之间的对讲通话，若是可视对讲系统，则可通过门口主机上的摄像机提供来访者的图像；若是联网型楼宇对讲系统中的主机，则可实现与住户家中的室内分机以及小区管理中心机之间的三方通话。主机的电路板采用减振安装，并进行防潮处理，抗震防潮能力极强，并带有夜间照明装置，外形美观、大方。主机一般安装在各项目住宅门口的防盗门上或附近的墙上。

（2）室内分机。

室内分机是一种对讲话机，一般都是与主机进行对讲，但现在的户户通楼宇对讲系统则与主机配合成一套内部电话系统，可以完成系统内各用户的电话联系，使用更加方便，它分为非可视分机和可视分机。非可视分机的主要功能为接收呼叫、通话、开锁、呼叫管理中心。可视分机上有一个显示屏，除了能接收呼叫、通话、开锁、呼叫管理中心外，还可接收主机图像。室内分机一般安装在用户家里的门口处，主要方便住户与来访者对讲交谈。

目前市场产品中分机的功能增多，主要的增值功能如下。

① 室内报警：分机内有可控制室内报警探头的模块，可进行针对室内探头的设防、撤防等操作并向管理中心报警。

② 图像存储：可视分机内部有图像存储模块，可对主机的视频信号进行手动及自动的存储及回放。

③ 信息发布：分机可以接收小区物业管理中心所发布的信息。

（3）UPS 电源。

楼宇对讲系统采用 220 V 交流电源供电，直流 12 V 输出。UPS 电源的主要功能是保持楼宇对讲系统不掉电。正常情况下，UPS 电源处于充电的状态。当停电的时候，UPS 电源就处于给系统供电的状态。现在的楼宇对讲系统中，厂家一般不设 UPS 电源，主要是可视系统耗电量太大，一般的小容量 UPS 电源保证不了使用时间。

（4）电控锁 。

电控锁的内部结构主要由电磁装置组成。用户只要按下室内分机上的开锁键就能使电磁线圈通电，从而使电磁装置带动连杆动作，控制大门的打开。

（5）闭门器。

闭门器是一种特殊的自动闭门连杆机构。它具有调节器，可以调节加速度和作用力度，使用方便、灵活。

3）楼宇对讲设备的安装

（1）项目门口主机的安装。

主机底盒根据材质不同可分为金属底盒和塑料底盒两种，但选用的主要原则是坚固，避免因暗装而产生挤压变形。门口主机建议安装高度示意图如图 5-43 所示。

（2）室内分机的安装。

室内分机按安装方式的不同可分为壁挂式分机和嵌入式分机两种。室内分机建议安装高度示意如图 5-44 所示。

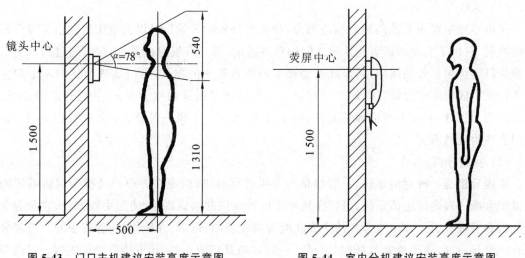

图 5-43　门口主机建议安装高度示意图　　　　图 5-44　室内分机建议安装高度示意图

① 壁挂式分机。分机安装方式为明装，主要通过分机底座上的螺钉固定或者固定安装背板与墙面进行固定后进行分机安装。壁挂式分机安装方便，但是分机本身突出墙面比较多，视觉效果不好。

② 嵌入式分机。分机安装方式为暗装，首先将分机的预埋底盒埋墙安装，再将分机固定在预埋底盒上。嵌入式分机安装后与墙面基本高度一致，视觉效果非常好。另外，由于嵌入式分机有比较大的空间，因此可以加载比较多的扩展功能。其缺点为需要暗埋底盒，施工难度比较大，并且在安装后不容易进行移动。

四、综合布线系统

综合布线系统是一种集成化通用传输系统，利用双绞线或光纤来传输智能建筑或建筑群内的语言、数据、监控图像和楼宇自控信号，它是智能建筑弱电技术的重要组成之一。建筑智能化与综合布线的关系如图 5-45 所示。综合布线是智能建筑连接 3A 系统各种控制信号必备的基础设施，是一种开放式的布线系统，是一种在建筑物和建筑群中综合数据传输的网络系统，是目前智能建筑中应用最成熟、最广泛的系统之一。

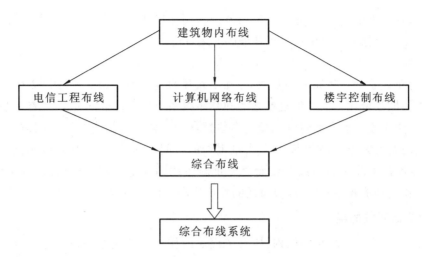

图 5-45　建筑智能化与综合布线的关系

1. 综合布线系统的特点

综合布线系统是专门的一套布线系统,它采用了一系列高质量的标准材料,以模块化的组合方式,把语音、数据、图像系统和部分控制信号系统用统一的传输介质进行综合,方便地在建筑物中组成一套标准、灵活、开放的传输系统。与传统布线相比,综合布线有许多优越性。其特点主要表现为开放性、灵活性、可扩充性、可靠性和经济性,而且其在设计、施工和维护方面也给人们带来了许多方便。

1)开放性

综合布线系统采用开放式体系结构,符合多种国际上的现行标准,系统中除了敷设在建筑物内的铜缆或光缆外,其余接插件均为积木式的标准件。因此,它几乎对所有正规化厂商的产品,如计算机设备、交换机设备等都是开放的,同时也支持所有的通信协议和应用系统,给使用和维护带来了极大的便利。

2)灵活性

传统的布线方式是封闭的,其体系结构是固定的,在迁移或增加设备时会非常困难。

综合布线系统运用模块化设计技术,采用标准的传输线缆和连接器件,所有信息通常都是通用的,在每一个信息插座上都能连接不同类型的终端设备,如个人计算机、可视电话机、双音频电话机、可视图文终端、传真机等。并且,所有设备的增加及更改均不需要改变布线,只需在配线架上进行相应的跳线管理即可。

3)可扩充性

因为建筑物内各种住处设备的数量会越来越多,综合布线系统有足够的容量为日益增多的设备提供通信路径。更主要的是综合布线系统还具有扩充本身规模的能力,这样就可以在一个相当长的时期内满足所有信息传输的要求。

4)可靠性

综合布线系统采用高品质的材料和组合压接的方式,构成一套高标准信息传输通道,而且每条通道都要采用仪器进行综合测试,以保证其电气性能。

系统布线全部采用点到点端接,各应用系统采用相同传输介质,完全避免了各种传输信号的相互干扰,能充分保证各应用系统正常准确的运行。

5）经济性

因为综合布线系统是将原来相互独立、互不兼容的若干种布线系统集中成为一套完整的布线系统,所以初期投资比较高。但这换来的却是布线系统可以进行统一设计、统一安装,而且一个施工单位就能完成几乎全部弱电线缆的布线敷设。这样就可以省去大量的重复劳动和设备占用,使布线周期大大缩短,从而节约了大量宝贵的时间。另外,和传统布线相比,综合布线还可以大大减少因设备改变布局或搬迁而需要重新布线的大笔费用,以及日常维护所需要的开支。因此,从长远经济效益考虑,综合布线的性价比高于传统布线。

2. 综合布线系统的组成

综合布线系统采用模块化的结构,按每个模块的作用和建筑结构特点,将综合布线系统分为六个独立的子系统,可概括为"一间、二区、三个子系统",即设备间、工作区、管理区、水平子系统、干线子系统和建筑群子系统,如图 5-46 所示。

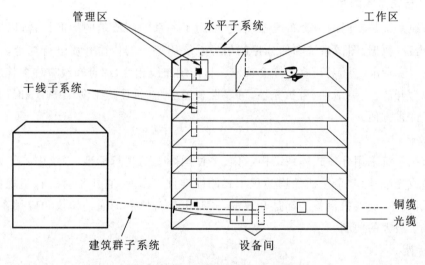

图 5-46 综合布线系统组成示意图

1）设备间

设备间是结构化布线系统的管理中枢,整个建筑物的各种信号都经过各类通信电缆汇集到该子系统。它的功能是实现公共设备(如计算机主机、数字程控交换机、各种控制系统、网络互联设备等)与建筑内布线系统的干线主配线架之间的连接。

设备间是大楼中数据、语音垂直主干线缆终接的场所,是各种数据语音主机设备及保护设施的安装场所。建议将设备间设在建筑物中部或建筑物的一、二层,位置不应远离电梯,而且为了给以后的扩展留有余地,不建议设在顶层或地下室。

2）工作区

工作区的功能是实现系统终端设备与信息插座之间的连接,主要指由配线(水平)布线系统的信息插座延伸到工作站终端设备的整个区域。相对来说,工作区布线简单,为终端设备的添加、移动和变更提供了方便。

3）管理区

管理区连接水平电缆和垂直干线,是水平系统电缆端接的场所,也是主干系统电缆端接的场所;由大楼主配线架、楼层分配线架、跳线、转换插座等组成。常用设备包括快接式配线架、理线架、跳线和必要的网络设备。用户可以在管理区更改、增加、交接、扩展线缆。管理区提供了与其他子系统连接的手段,使整个布线系统与其连接的设备和器件构成一个有机的整体。

4）水平子系统

水平布线子系统由每一个工作区的信息插座开始(含信息插座),经水平布线一直到楼层配线间的配线架,包括所有信息插座、线缆、转接点(选用)及配线架(含配线架跳线)等。水平主干线通常使用屏蔽双绞线(STP)和非屏蔽双绞线(UTP),也可以根据需要选择光缆。端接设施主要是相应通信设备和线路连接插座。

5）干线子系统

干线子系统由连接主设备间至各楼层配线间之间的线缆构成。其功能主要是把各分层配线架与主配线架相连,用主干电缆提供楼层之间通信的通道,使整个布线系统组成一个有机的整体。每个楼层配线间均需采用垂直主干线缆连接到大楼主设备间。干线子系统是建筑物中最重要的通信干道,通信介质通常为大对数铜缆或多芯光缆,安装在建筑物的弱电竖井内。

6）建筑群子系统

建筑群子系统是提供多个建筑物间的通信信道,用于将各建筑物主干布线和水平布线汇集到同一个局域网的布线系统中,通常由电缆、光缆、入口处的电气保护设备、设备间内的所有布线网络连接和信息复用设备等相关硬件所组成,其外接线路分界点以到达建筑物总配线架最外侧的第一个端子为准。建筑群子系统包含楼宇间所有大对数铜缆、同轴电缆和多模多芯光纤,以及将此光缆、电缆连接到其他地方的相关支撑硬件。

3. 综合布线系统的主要部件

综合布线系统主要布线部件按其外形、作用和特点可粗略分为两大类,即传输媒质和连接硬件(包括接续设备)。

1）传输媒质

综合布线系统常用的传输媒质有对绞线(又称双绞线)、对绞对称电缆(简称对称电缆)和光缆。

(1) 对绞线和对绞对称电缆。

对绞线是两根铜芯导线,其直径一般为 0.4～0.65 mm,常用的是 0.5 mm。它们各自包在彩色绝缘层内,按照规定的绞距互相扭绞成一对绞线。扭绞的目的是使对外的电磁辐射和遭受外部的电磁干扰减少到最小。对绞线按其电气特性的不同进行分级或分类。

(2) 光缆。

根据我国通信行业标准规定,在综合布线系统中,按工作波长采用的光纤是 0.85 μm(0.8～0.9 μm)和 1.30 μm(1.25～1.35 μm)两种。以多模光纤(MMF)纤芯直径考虑,推荐采用 50 μm/125 μm(光纤为 GB/T 12357 规定的 A1a 类)或 62.5 μm/125 μm(光纤为 GB/T 12357 规定的 A1b 类)两种类型的光纤。

在要求较高的场合,也可采用 8.3 μm/125 μm 突变型单模光纤(SMF)(光纤为 GB/T 9771 规定的 BI.I 类),其中以 62.5 μm/125 μm 渐变型增强多模光纤使用较多。因为它具有光耦合

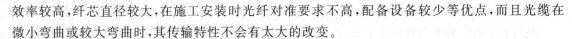

效率较高,纤芯直径较大,在施工安装时光纤对准要求不高,配备设备较少等优点,而且光缆在微小弯曲或较大弯曲时,其传输特性不会有太大的改变。

2)连接硬件(包括接续设备)

连接硬件是综合布线系统中各种接续设备(如配线架等)的统称。连接硬件包括主件的连接器(又称适配器)、成对连接器及接插软线,但不包括某些应用系统对综合布线系统用的连接硬件,也不包括有源或无源电子线路的中间转接器或其他器件(如阻抗匹配变量器、终端匹配电阻、局域网设备、滤波器和保护器件)等。连接硬件是综合布线系统的重要组成部分。

由于综合布线系统中连接硬件的功能、用途、装设位置以及设备结构有所不同,其分类方法也有区别,一般有以下几种。

(1)按连接硬件在综合布线系统中的线路段落来划分。

① 终端连接硬件:如总配线架(箱、柜),终端安装的分线设备(如电缆分线盒、光纤分线盒等)和各种信息插座(即通信引出端)等。

② 中间连接硬件:如中间配线架(盘)和中间分线设备等。

(2)按连接硬件在综合布线系统中的使用功能来划分。

① 配线设备:如配线架(箱、柜)等。

② 交接设备:如配线盘(交接间的交接设备)和屋外设置的交接箱等。

③ 分线设备:如电缆分线盒、光纤分线盒和各种信息插座等。

(3)按连接硬件的设备结构和安装方式来划分。

① 设备结构:有架式和柜式(箱式、盒式)。

② 安装方式:有壁挂式和落地式,信息插座有明装和暗装方式,且有墙上、地板和桌面安装方式。

(4)按连接硬件的装设位置来划分。

综合布线系统中,通常以装设配线架(柜)的位置来命名,有建筑群配线架(CD)、建筑物配线架(BD)和楼层配线架(FD)等。

任务 5 建筑电气施工图的识读

施工图纸是工程语言,能简练而又直观地表明设计意图。建筑电气施工图是说明建筑电气系统以及相关设备和装置等各组成部分的相互关系及其连接关系的,并用以表达其功能、用途、原理、装接和使用等各种信息的一种图。

一、建筑电气施工图的组成

电建筑电气施工图所涉及的内容往往根据建筑物不同的功能而有所不同,主要有建筑供配电、动力与照明、防雷与接地、建筑弱电等方面,用以表达不同的电气设计内容。

电气施工图的组成主要包括图纸目录、设计说明、图例材料表、系统图、平面图和安装大样图(详图)。

1) 图纸目录

表明图纸的组成、名称、张数、图号顺序等,绘制图纸目录的目的是便于查找。

2) 设计说明

主要阐明单项工程概况、设计依据、设计标准以及施工要求等,另外说明系统图和平面图上未能表明而又与施工有关必须加以说明的问题。如进户线距地面的高度、配电箱的安装高度、灯具开关和插座的安装高度、进户线重复接地的做法及其他有关问题。设计说明主要是补充图纸上不能运用线条和符号表示的工程特点、施工方法、线路材料、工程技术参数,施工和验收要求及其他应该注意的事项。

3) 图例材料表

包括工程中所使用的各种设备和材料的名称、型号、规格、数量等,它是编制购置设备、材料计划的重要依据之一。

4) 系统图

表明电力系统设备安装、配电顺序、原理和设备型号、数量及导线规格等关系。它不表示空间位置关系,只是示意性地把整个工程的供电线路用单线联结形式来表示。系统图分为照明系统图、动力系统图、智能建筑系统图等。

5) 平面图

平面图是电气施工图中的重要图纸之一,是表示建筑物内各种电气设备、器具的平面位置及线路走向的图纸。平面图包括总平面图、照明平面图、动力平面图、防雷平面图、接地平面图、智能建筑平面图等;用来表示电气设备的编号、名称、型号及安装位置,线路的起始点、敷设部位、敷设方式,以及所用导线型号、规格、根数、管径大小等。通过阅读系统图,了解系统基本组成之后,就可以依据平面图编制工程预算和施工方案,然后组织施工。

6) 安装大样图

安装大样图是详细表示电气设备安装方法的图纸,对安装部件的各部位注有具体图形和详细尺寸,是进行安装施工和编制工程材料计划时的重要参考。详图多采用全国通用电气装置标准图集。

二、建筑电气施工图的特点

(1) 建筑电气施工图大多是采用统一的图形符号并加注文字符号绘制出来的。图形符号和文字符号就是构成电气工程语言的"词汇"。因为构成建筑电气的设备、元件、线路很多,结构类型不一,安装方式各异,只有借用统一的图形符号和文字符号来表达,才比较合适。所以,绘制和阅读建筑电气施工图,首先就必须明确和熟悉这些图形符号所代表的内容和含义,以及它们之间的相互关系。

(2) 建筑电气施工图反映的是电工和电子电路的系统组成、工作原理和施工安装方法。分析任何电路都必须使其构成闭合回路,只有构成闭合回路,电流才能够流通,电气设备才能正常工作。一个电路的组成,包括四个基本要素,即电源、用电设备、导线和开关控制设备。因此要真正读懂图纸,还必须了解设备的基本结构、工作原理、工作程序、主要性能和用途等。

（3）电路中的电气设备、元件等,彼此之间都是通过导线连接起来,构成一个整体的电气通路,导线可长可短,能够比较方便地跨越较远的空间距离。正因为如此,电气施工图有时就不像机械工程图或建筑工程图那样表达内容比较集中、比较直观;有时电气设备安装位置在一处,而控制设备的信号装置、操作开关则可能在另一处。这就要将各有关的图纸联系起来,对照阅读。一般而言,应通过系统图、电路图找联系;通过平面布置图、接线图找位置;交错阅读,这样读图效率才可以提高。

（4）建筑电气工程施工往往与主体工程(土建工程)及其他安装工程(给水排水管道、工艺管道、采暖通风等安装工程)施工相互配合进行。例如:电气设备的布置与土建平面布置、立面布置有关;线路走向与建筑结构的梁、柱、门窗、楼板的位置、走向有关,还与管道的规格、用途、走向有关;安装方法与墙体结构有关;特别是一些暗敷线路、电气设备基础及各种电气预埋件更与土建工程密切相关。因此,阅读建筑电气工程图时应与有关的土建工程图、管道工程图等对应起来阅读。

（5）阅读电气施工图的主要目的是编制施工方案、工程预算,指导工程施工,指导设备的维修和管理,而一些安装、使用、维修等方面的技术要求不能在图纸中完全反映出来,而且也没有必要一一标注清楚,因为这些技术要求在有关的国家标准和规范规程中都有明确的规定。因此在读图时,应了解、熟悉有关规程规范的要求。

三、建筑电气施工图的表示

电气施工图上的各种电气元器件及线路敷设均是用图例符号和文字符号来表示的,识图的基础要求是要很好地熟悉各种电气设备的图例符号及其表示方法,从而掌握各项设备及主要材料在施工图中的安装位置及方式。

表5-2所示是常用电气图例符号。表5-3所示是部分电力设备的文字符号。表5-4所示是部分线路安装方式的文字符号。表5-5所示是部分导线敷设部位的文字符号。表5-6所示是灯具安装方式文字符号。表5-7所示是部分电力设备在电气施工图上的标注方法。

表5-2　常用电气图例符号

图　例	名　称	备　注
	双绕组变压器	形式1 形式2
	三绕组变压器	形式1 形式2

图 例	名 称	备 注
	电流互感器脉冲变压器	形式 1
		形式 2
TV	电压互感器	形式 1
TV		形式 2
	屏、台、箱、柜一般符号	
	动力或动力-照明配电箱	
	照明配电箱(屏)	
	事故照明配电箱(屏)	
	电源自动切换箱(屏)	
	隔离开关	
	断路器	
	熔断器一般符号	
	熔断器式开关	
	熔断器式隔离开关	
	避雷器	

续表

图　例	名　称	备　注
MDF	总配线架	
IDF	中间配线架	
▷◁	壁龛交接箱	
分线盒符号	分线盒的一般符号	
室内分线盒符号	室内分线盒	
室外分线盒符号	室外分线盒	
⊗	灯的一般符号	
●	球形灯	
◖	天棚灯	
⊗	花灯	
弯灯符号	弯灯	
├──┤	荧光灯	
三管荧光灯符号	三管荧光灯	
├─5─┤	五管荧光灯	

续表

图 例	名 称	备 注
	壁灯	
	广照型灯（配照型等）	
	防水防尘灯	
	开关一般符号	
	单极开关	
	单极开关（暗装）	
	双极开关	
	双极开关（暗装）	
	三极开关	
	三极开关（暗装）	
	调光器	
	单相插座	
	暗装单相插座	
	密闭（防水）单相插座	

图 例	名 称	备 注
	防爆单相插座	
	带接地插孔的单相插座	
	带接地插孔的单相插座(暗装)	
	带接地插孔的密闭(防水)单相插座	
	带接地插孔的防爆单相插座	
	带接地插孔的三相插座	
	带接地插孔的三相插座(暗装)	
	插座箱(板)	
Ⓐ	指示灯电流表	
Ⓥ	指示灯电压表	
cosφ	功率因数表	
Wh	有功电能表(瓦时计)	
	电信插座的一般符号,可用以下文字 或符号区别不同插座 TP—电话 FX—传真 M—传声器 FM—调频 TV—电视	

图 例	名 称	备 注
	电铃	
	天线一般符号	
	放大器一般符号	
	两路分配器一般符号	
	三路分配器	
	四路分配器	
	匹配终端	
	传声器一般符号	
	扬声器一般符号	
	感烟探测器	
	感光火灾探测器	
	气体火灾探测器（点式）	
CT	缆式线型定温探测器	
	感温探测器	
	手动火灾报警按钮	

图　　例	名　　称	备　　注
	水流指示器	
★	火灾报警控制器	
	火灾报警电话机(对讲电话机)	
EEL	应急疏散指示标志	
EL	应急疏散照明灯	
	消火栓	
	电线、电缆、母线传输通路一般符号	
	三根导线	
	n根导线	
	接地装置	有接地极 无接地极
F	电话线路	
V	视频线路	
B	广播线路	

表 5-3　部分电力设备的文字符号

设 备 名 称	文 字 符 号	设 备 名 称	文 字 符 号
交流(低压)配电屏	AA	蓄电池	GB
控制箱(柜)	AC	柴油发电机	GD
并联电容器屏	ACC	电流表	PA
直流配电屏(电源柜)	AD	有功电能表	PJ
高压开关柜	AH	无功电能表	PJR
照明配电箱	AL	电压表	PV
动力配电箱	AP	电力变压器	TM
电镀表箱	AW	插头	XP
插座箱	AX	插座	XS
空气调节器	EV	信息插座	XTO

表 5-4　部分线路安装方式的文字符号

敷 设 方 式	文 字 符 号	敷 设 方 式	文 字 符 号
穿焊接钢管敷设	SC	金属线槽敷设	MR
穿电线管敷设	MT	塑料线槽敷设	PR
穿硬塑料管敷设	PC	钢索敷设	M
穿阻燃半硬聚氯乙烯管敷设	FPC	直接埋设	DB
穿聚氯乙烯塑料波纹管敷设	KPC	电缆沟敷设	TC
穿金属软管敷设	CP	混凝土排管敷设	CE
穿压扣式薄壁钢管敷设	KBG	电缆桥架敷设	CT

表 5-5　部分导线敷设部位的文字符号

敷 设 部 位	文 字 符 号	敷 设 部 位	文 字 符 号
沿或跨梁(屋架)敷设	AB	暗敷在墙内	WC
暗敷在梁内	BC	沿天棚或顶板面敷设	CE
沿或跨柱敷设	AC	暗敷在屋面或顶板内	CC
暗敷在柱内	CLC	吊顶内敷设	SCE
沿墙面敷设	WS	地板或地面下敷设	F

表 5-6　灯具安装方式文字符号

安 装 方 式	文 字 符 号	安 装 方 式	文 字 符 号
线吊式	SW	顶棚内安装	CR
链吊式	CS	墙壁内安装	WR
管吊式	DS	支架上安装	S
壁装式	W	柱上安装	CL
吸顶式	C	座装	HM
嵌入式	R		

表 5-7　部分电力设备在电气施工图上的标注方法

标 注 对 象	标 注 方 式	说　　明
用电设备	$\dfrac{a}{b}$	a—设备编号或设备位号 b—额定容量（kW 或 kVA）
概略图（系统图）电气箱（柜、屏）	$-a+b/c$	a—设备种类代号 b—设备安装位置的位置代号 c—设备型号
平面图（布置图）电气箱（柜、屏）	$-a$	a—设备种类代号
照明、安全、控制变压器	$a-b/c-d$	a—设备种类代号 b/c——一次电压/二次电压 d—额定容量
照明灯具	$a-b\dfrac{c\times d\times L}{e}f$	a—灯数 b—型号或编号（无则省略） c—每盏灯具的灯泡数 d—灯泡安装容量 e—灯泡安装高度（m），"-"表示吸顶安装 f—安装方式 L—光源种类
线路	$ab-c(d\times e+f\times g)i-jh$	a—线缆编号 b—型号（不需要可省略） c—线缆根数 d—电缆线芯数 e—电缆截面（mm²） f—PE、N 线芯数 g—线芯截面（mm²） i—线缆敷设方式 j—线缆敷设部位 h—线缆敷设安装高度（m）

续表

标注对象	标注方式	说　明
电缆桥架	$\dfrac{a\times b}{c}$	a—电缆桥架宽度（mm） b—电缆桥架高度（mm） c—电缆桥架安装高度（m）
断路器整定值	$\dfrac{a}{b}c$	a—脱扣器额定电流 b—脱扣器整定电流 c—短延时整定时间（瞬断不标注）

四、建筑电气施工图的识读步骤

识读建筑电气施工图,除了应该了解建筑电气施工图的特点外,还应该按照一定阅读程序进行阅读,这样才能比较迅速、全面地读懂图纸,以完全实现读图的意图和目标。

一套建筑电气工程图所包括的内容比较多,图纸往往有很多张,一般应按以下顺序依次阅读,有时还有必要进行相互对照阅读。

（1）看图纸目录及标题栏了解工程名称项目内容、设计日期、工程全部图纸数量、图纸编号等。

（2）看总设计说明了解工程总体概况及设计依据,了解图纸中未能表达清楚的各有关事项。如供电电源的来源、电压等级、线路敷设方式,设备安装高度及安装方式,补充使用的非国标图形符号,施工时应注意的事项等。有些分项局部问题是在各分项工程图纸上说明的,看分项工程图纸时,也要先看设计说明。

（3）看设备材料表了解工程中所使用的设备、材料的型号、规格和数量。

（4）看系统图了解系统基本组成,主要电气设备、元件之间的连接关系,以及它们的规格、型号、参数等,掌握该系统的组成概况。

（5）看平面图了解电气设备的规格、型号、数量,以及线路的起始点、敷设部位、敷设方式和导线根数等。如照明平面图、防雷接地平面图等。平面图的阅读可按照以下顺序进行:电源进线→总配电箱干线→支线→分配电箱→电气设备。

（6）看安装大样图了解电气设备的具体安装方法、安装部件的具体尺寸等。

另外,识读电气施工图时还应注意以下几点。

（1）看图上所画的电源从何而来,采用哪些供配电方式,使用多大截面的导线,配电使用哪些电气设备,供电给哪些设备。不同的工程有不同的要求,要搞清楚图纸上所表达的工程内容。

（2）看比较复杂的电气图时,首先看系统图,了解由哪些设备组成,有多少个回路,每个回路的作用和原理是什么。然后再看安装图,各个元件和设备安装在什么位置,如何与外部连接,采用何种敷设方式等。

（3）熟悉建筑的外貌、结构特点、设计功能和工艺要求,并与电气施工说明、电气图纸一道研究,明确施工方法。

(4)尽可能地熟悉其他专业(给水排水、采暖通风等)的施工图或进行多专业交叉施工座谈,了解有争议的空间位置或互相重叠的现象,尽量避免施工过程中的返工。

五、建筑电气施工图示例

1. 配电系统图示例

某高层居民建筑楼电梯配电系统图如图 5-47 所示。进线电源有两路,主电源和备用电源,经强电竖井电缆桥架送至顶层电梯配电箱 AP-DT1(或 AP-DT2 、AP-DT3)。箱内分为四路,电梯成套控制箱、井道照明、插座供电和一路备用。

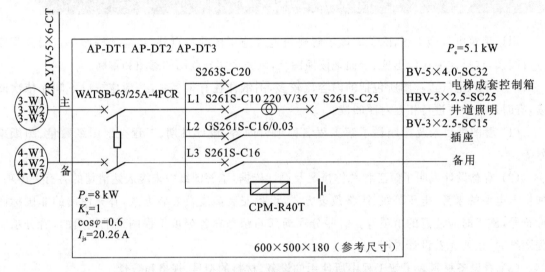

图 5-47 某高层居民建筑楼电梯配电系统图

(1)两路电源进线均采用铜芯交联聚氯乙烯绝缘聚氯乙烯护套阻燃电力电缆(ZR-YJV-5×6-CT)。

(2)电梯配电箱内设 WATSB-63/25A-4PCR 型自动开关,分为四路输出。

① 回路经 S263S-C20 型自动开关,用 BV-5×4.0 导线(塑料绝缘电线 5 根,三根相线 L1、L2、L3,一根零线 N,一根保护线 PE,截面均为 4mm²)穿 φ32 mm 钢管(SC)送至电梯成套控制箱。

② 回路经 S261S-C10 型自动开关、220V/36 V 双绕组安全隔离变压器、S261S-C25 型自动开关输出 36 V 安全电压。通过 HBV-3×2.5 导线(耐火型塑料绝缘电线,一根相线 L,一根零线 N,一根保护线 PE,截面均为 2.5 mm²)穿 φ25 mm 钢管(SC)敷设为井道照明供电。

③ 回路经 GS261S-C16/0.03 型漏电断路器,通过 BV-3×2.5 导线穿 φ15 mm 钢管(SC)敷设引至各插座。

④ 回路经 S261S-C16 型自动开关作为备用。

(3)电梯配电箱内设 CPM-R40T 型电涌保护器与接地装置连接起雷击电磁脉冲防护作用。

2. 照明平面图示例

某建筑物地下二层照明平面图如图 5-48 所示。由设计说明(略)和图面可知:地下二层照明的电源经④轴 A 处由上层引入 WL5,引入后分两路,一路经④轴引入楼梯间,共 2 只壁灯,每只 60 W,安装高度 3.0 m,单独控制,2 只开关分别装于楼梯处及门口 B 处,暗装距地 1.4 m。另一路为大厅的照明,共 8 只板块灯,每只 125 W,链吊式安装,吊高 4.5 m,管线敷设于顶板内。分四路控制,2 只双控开关装于入口处,暗装距地 1.4 m。

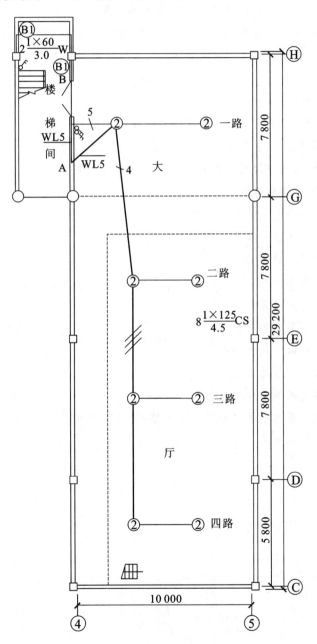

图 5-48　某建筑物地下二层照明平面图

1. 电力负荷是如何分级的? 各级负荷对供电电源有什么要求?

2. 列举常用的低压电器,并说明其作用。

3. 按照工作方式的不同可以将用电设备分为哪几类?

4. 某建筑工地有 1 台卷扬机,其额定功率为 22 kW,暂载率 JC_1 为 40%。另有 2 台单相电焊机,其额定视在功率为 3 kVA,功率因数为 0.45,暂载率 JC_2 为 50%。分别计算换算后的设备负荷。

5. 导线截面积的选择原则是什么?

6. 防雷装置由哪几部分组成? 各部分的作用是什么?

7. 工作接地、保护接地、重复接地、保护接零的含义是什么?

8. 低压配电系统的保护接地形式有哪几种? 各自适用哪些场合?

9. 简述等电位联结的种类和作用。

10. 安全电流和安全电压的值是多少?

11. 简述触电的形式及特点。

12. 照明方式有哪几种?

13. 照明的种类有哪些?

14. 灯具有哪几种分类方式?

15. 插座的接线要求有哪些?

16. 智能建筑系统由哪几部分组成?

17. 火灾探测器的作用是什么?

18. 火灾报警控制器的功能是什么?

19. 消防联动控制系统中防火卷帘是如何控制的?

20. 简述安全防范的含义。

参 考 文 献

[1] 张宁,张统华.建筑设备工程[M].徐州:中国矿业大学出版社,2016.

[2] 袁尚科,赵子琴.建筑设备工程[M].重庆:重庆大学出版社,2014.

[3] 王丽.建筑设备[M].大连:大连理工大学出版社,2010.

[4] 周叶梅.建筑设备识图与施工工艺[M].北京:北京大学出版社,2011.

[5] 马金忠,展妍婷.建筑设备安装工艺与识图[M].重庆:重庆大学出版社,2016.

[6] 蔡秀丽,鲍东杰.建筑设备工程[M].2版.北京:科学出版社,2005.

[7] 陈思荣.建筑设备安装工艺与识图[M].北京:机械工业出版社,2008.

[8] 丁容仪.暖通空调安装工程施工与组织管理[M].北京:中国电力出版社,2009.

[9] 刘东辉,韩莹,陈宝全.建筑水暖电施工技术与实例[M].北京:化学工业出版社,2009.